THÉORIE

SUR

L'EXTINCTION

DES INCENDIES,

OU

NOUVEAU MANUEL

DU SAPEUR-POMPIER,

CONTENANT

Les dispositions générales à prendre pour l'extinction des incendies et celles particulières aux diverses espèces de feux ; la nomenclature de la pompe et des diverses pièces qui composent son armement ; sa description; l'*appareil Paulin* pour les feux de cave ; les manœuvres de la pompe avec les changemens qui y ont été apportés depuis 1831, etc.; avec des figures faisant connaître les parties de la pompe, ses divers appareils et la position des chefs et des servans dans chaque manœuvre ;

PRÉCÉDÉ

DE L'HISTORIQUE DU CORPS DES SAPEURS-POMPIERS
DE LA VILLE DE PARIS ;

PAR LE CH.er G. PAULIN,

Élève de l'École Polytechnique, ancien chef de bataillon du Génie, lieutenant-colonel commandant les Sapeurs-Pompiers de Paris, officier de la Légion-d'Honneur, décoré de l'ordre de S.-Stanislas de Russie, couronné par l'Académie.

Paris,

BACHELIER, IMPRIMEUR-LIBRAIRE,
QUAI DES AUGUSTINS, 55.

1837

THÉORIE

SUR

L'EXTINCTION

DES INCENDIES,

OU

NOUVEAU MANUEL

DU SAPEUR-POMPIER.

Se vend aussi

A BORDEAUX,

Chez GASSIOT, libraire, fossés de l'Inten-
dance, n° 61.

IMPRIMERIE DE BACHELIER,
Rue du Jardinet, 12.

THÉORIE

SUR

L'EXTINCTION

DES INCENDIES,

ou

NOUVEAU MANUEL

DU SAPEUR-POMPIER,

CONTENANT

Les dispositions générales à prendre pour l'extinction des incendies et celles particulières aux diverses espèces de feux ; la nomenclature de la pompe et des diverses pièces qui composent son armement ; sa description; l'*appareil-Paulin* pour les feux de cave ; les manœuvres de la pompe avec les changemens qui y ont été apportés depuis 1831, etc.; avec des figures faisant connaître les parties de la pompe, ses divers appareils et la position des chefs et des servans dans chaque manœuvre ;

PRÉCÉDÉ

DE L'HISTORIQUE DU CORPS DES SAPEURS-POMPIERS
DE LA VILLE DE PARIS ;

PAR LE CH[er] G. PAULIN,

Élève de l'École Polytechnique, ancien chef de bataillon du Génie, lieutenant-colonel commandant les Sapeurs-Pompiers de Paris, officier de la Légion-d'Honneur, décoré de l'ordre de S.-Stanislas de Russie, couronné par l'Académie.

Paris

BACHELIER, IMPRIMEUR-LIBRAIRE,
QUAI DES AUGUSTINS, 55.

1837

AVANT-PROPOS.

Le Corps des Sapeurs-Pompiers de Paris est un corps d'élite et cela ne peut être autrement. En effet lorsque les sapeurs arrivent dans un lieu incendié, ils sont maîtres des localités, tous les objets précieux restent à leur disposition et sous leur garde, il faut donc, avant tout, qu'ils soient parfaitement honnêtes ; aussi existe-t-il fort peu d'exemples, que des hommes de ce corps aient été punis pour infidélité.

Ils doivent être intelligens, car leur métier ne consiste pas à agir comme de simples machines ; ils doivent opérer avec discernement pour exécuter avec fruit les ordres qui leur sont donnés par leurs chefs, desquels dépendent le succès des opérations dont ils sont chargés.

Ils doivent être sages, parce qu'une conduite déréglée, l'ivrognerie, la passion du jeu et la fréquentation des mauvais lieux, peut les porter à faire plus de dépenses que leur solde ne le leur permettrait; qu'ils auraient alors besoin de se procurer de l'argent et que par suite ils pourraient être tentés de soustraire les objets précieux qui se trouveraient abandonnés dans le local incendié, qui leur est confié.

Ils doivent être ouvriers d'arts, maçons, charpentiers, couvreurs, plombiers, parce que les hommes de ces professions ont déjà l'habitude de parcourir les lieux élevés sans être

effrayés, et d'agir sur ces points,
qu'ils sont plus adroits et connaissent la contruction des bâtimens.

Ils doivent savoir lire et écrire,
afin de pouvoir s'instruire sur les
théories qui leur sont données dans
les livres et pouvoir faire au besoin
un rapport sur ce qu'ils ont remar-
qué dans un incendie.

Ils doivent avoir une taille moyen-
ne, parce que c'est dans cette classe
d'hommes qu'on trouve une consti-
tution robuste et en même temps
agile, qui leur permet de faire de la
gymnastique et de pouvoir agir ainsi,
avec peu de danger dans des opérations où leur vie serait compromise,
s'ils n'avaient une grande habitude
de travailler sur des points élevés,
isolés et qui présentent peu de sécurité.

Aussi exige-t-on pour être reçu dans ce corps toutes les conditions suivantes :

Pas de punitions dans le corps d'où l'homme est tiré;

Savoir lire et écrire;

Avoir un pouce de taille au moins;

Être ouvrier en bâtiment.

Les Sapeurs-Pompiers de Paris portent la grenade et l'épaulette de grenadier; ils ont 70 centimes de poche; ils sont militaires dans toute la force de l'acception, et sont soumis aux mêmes règles que l'armée, tant pour la discipline que pour les récompenses, ils sont casernés. On récompense les militaires qui se conduisent bien dans leurs corps en les faisant passer dans le Corps des Sapeurs-Pompiers.

Il arrive souvent que des sous-officiers des corps de l'armée s'enrôlent dans les Sapeurs - Pompiers, mais comme simples soldats, parce que nul ne peut y être admis avec son grade, à moins qu'il n'y entre comme officier, parce qu'il faut que les sous-officiers qui dirigent les sapeurs dans un incendie, aient exercé comme simples soldats et aient les connaissances requises pour leur métier.

Les officiers qui y arrivent des autres corps sont choisis de préférence dans le génie et dans l'artillerie.

Le commandant depuis 1814 a toujours été pris parmi les officiers du Génie, à cause de leurs connaissances en bâtiment et en machines, et de leur instruction spéciale.

INTRODUCTION.

Pour qu'un corps puisse brûler, il faut qu'il soit en contact avec l'air, si l'on empêche ce contact, le corps enflammé s'éteindra. Il suffira donc pour obtenir ce dernier effet, d'interposer une substance quelconque entre le corps en combustion et l'air.

Il est aisé de comprendre que plus les molécules de cette substance seront divisées, plus le contact avec le corps embrasé sera immédiat, et par conséquent plus elle sera favorable à l'extinction du feu.

Les liquides étant de tous les corps, ceux dont les molécules sont

les plus divisées, sont aussi ceux qui
peuvent le mieux remplir le but
qu'on se propose; et de tous les liquides l'eau étant le plus abondant,
le plus commun et le moins cher,
c'est celui dont on se sert ordinairement.

On emploie dans certaines circonstances et avec plus d'avantage le fumier, la terre, lorsqu'on en a, et cela,
lorsqu'il s'agit d'éteindre le feu mis à
des essences ou à des corps hui-
leux.

L'eau qu'on jette sur le feu ne
doit pas être divisée; sans quoi on
activerait la combustion, au lieu de
la réprimer. Il faut que la masse de
liquide soit compacte, pour que le
feu ne puisse la volatiliser facilement, et donner ainsi un aliment
à la combustion, qu'elle soit lan-

cée avec force pour séparer les charbons.

Nous venons de dire que pour éteindre les incendies on emploie généralement de l'eau qu'on projette en grande quantité et avec force sur le feu. L'instrument dont on se sert, s'appelle pompe foulante. Nous verrons plus tard quelles sont les parties qui composent une pompe à incendie et la manière dont on se sert de cette machine dans les diverses circonstances qui se présentent.

Nota. Les dissolutions salines ont la propriété de retarder le dégagement de la flamme dans les corps qui en sont humectés; on pourrait donc dans certains cas se servir de ce moyen, pour empêcher le développement instantané de l'incendie; mais généralement la grande quantité d'eau dont on a besoin, et les difficultés qu'on éprouverait à avoir continuellement des

dissolutions salines toutes prêtes, font
qu'on ne se sert pas de ce moyen; il vient
d'être prescrits pour les portants de lumières et les toiles de décors des specta-
cles, depuis le feu de la Gaîté, que toutes
ces parties seraient humectées avec des
dissolutions salines.

THÉORIE

SUR

L'EXTINCTION DES INCENDIES,

ou

NOUVEAU MANUEL

DU SAPEUR-POMPIER.

HISTORIQUE

du Corps des Sapeurs-Pompiers de Paris, d'après les
notes prises par M. le capitaine LEDOUX, à la
Bibliothèque royale et les renseignemens fournis
par les archives du Corps ; par M. le lieutenant-
colonel PAULIN.

Avant 1669, on ne se servait pas de
pompes pour éteindre les incendies ; on
lançait l'eau sur les édifices enflammés,
avec des seaux et on faisait immédiatement la part du feu, en isolant le bâtiment incendié de tout ce qui l'avoisinait ;
on se servait aussi de perches à crocs, d'é-
chelles ordinaires et de cordes.

Le dépôt général de tous ces objets était à
l'Hôtel-de-Ville ; deux dépôts particuliers
étaient dans la ville chez des notables.

Lorsqu'un feu se manifestait on son-
nait le tocsin ; tous les ouvriers en bâtiment étaient obligés de prêter secours
sous peine d'amende ; ils arrivaient munis
de leurs outils, et étaient dirigés par les
magistrats. Les capucins étaient spécialement chargés de donner des soins aux
blessés, et de veiller à ce qu'il ne fût rien
dérobé. La troupe maintenait l'ordre.

En 1699, sous le lieutenant de police
d'Argenson, M. Dumourier Duperrier,
noble provençal, qui avait vu des pompes
en Hollande et en Allemagne, obtint de
Louis XIV le privilége d'en faire confec-
tionner et de les vendre ; elles étaient
montées sur quatre roues ; il obtint ce privilége pour trente années.

Le roi en donna douze à la ville de Paris.

Ces pompes, servies par les ouvriers de
M. Dumourier Luperrier, furent em-

ployées avec succès dans plusieurs incendies.

A cette époque il fut établi, avec auto-
risation de la police, que les incendiés paieraient une somme pour les secours qu'ils
recevraient, et un tarif fut établi à cet effet.

Le 12 janvier 1705, la ville posséda
vingt pompes, une pour chaque quartier.
M. Dumourier Duperrier s'engagea à les
entretenir pendant trois ans et à les faire
servir à l'extinction des incendies, en
fournissant le personnel, moyennant la
somme de 40,000 livres.

Le 23 février 1716, par ordonnance de
Louis XV, M. Dumourier Duperrier fut
nommé directeur des pompes ; on lui
accorda un fonds de 6,000 livres pour
l'entretien de seize pompes et de trente-
deux hommes pour les manœuvrer ; on
lui donna seize gardiens payés 100 livres
par an, chacun, et seize sous-gardiens
payés 50 livres.

Ces pompes étaient éprouvées tous les

mois en présence du lieutenant de police et du prevôt des marchands.

Le 28 avril 1718 le feu prit au petit Pont, et fut sur le point d'envahir l'Hôtel-Dieu.

A cette époque, les pompes étaient déposées dans les établissemens religieux; et lorsque le feu éclatait, on allait prévenir les garde-pompes qui se rendaient dans ces établissemens pour y prendre le matériel.

Le 22 août 1719, le privilége du sieur Dumourier Duperrier fut continué, et le fonds d'entretien fut porté à 8,000 livres par an. La même année, le sieur Nicolas Dumourier, fils du précédent, obtint la survivance de son père.

Le 17 avril 1722, le nombre des pompes à incendie fut porté à trente. M. Dumourier reçut une somme de 40,000 livres pour l'augmentation et le paiement du matériel, plus 20,000 livres pour l'entretien de ce matériel et d'un personnel de soixante hommes exercés. Ces hommes recevaient un habit tous les trois ans et une somme annuelle de 100 livres.

Les garde-pompes ne faisaient qu'un service de nuit et à tour de rôle. Des détachemens suivaient le roi dans ses voyages, et recevaient alors un supplément de solde. Ils résidaient aussi dans les châteaux royaux.

Le directeur des pompes habitait rue Mazarine, en face la porte des Quatre-Nations. Sur l'entrée de sa demeure était un écriteau portant :

Pompes publiques du roi pour remédier aux incendies, sans qu'on soit tenu de payer.

Des placards, placés tous les six mois aux frais du directeur général, faisaient connaître les lieux où étaient déposées les pompes et la demeure des gardiens.

Outre ces secours, il y avait encore à l'Hôtel-de-Ville des pompes et agrès appartenant à des particuliers.

En 1737, le feu prit à l'Hôtel-Dieu et fut désastreux.

Le 27 octobre 1737, un incendie s'étant déclaré à la Chambre des Comptes, les gardes-françaises et les gardes-suisses furent employées pour la première fois au service des pompes.

En 1746, le feu prit aux maisons du pont au Change.

En 1747, la compagnie des garde-pompes fut portée à soixante hommes, et composée ainsi qu'il suit :

Huit brigadiers, neuf sous-brigadiers, quinze gardes, vingt-deux sous-gardes, six inspecteurs.

Il y eut aussi vingt-cinq dépôts, renfermant chacun une pompe et ses agrès.

Dans l'origine, les garde-pompes portaient un chapeau de feutre couvert d'un tissu en fil de fer, avec visière relevée; plus tard, ce fil de fer fut remplacé par une calotte en fer et une plaque de même métal sur le devant.

En 1756, M. Duperrier, premier en-
trepreneur, fut nommé chevalier de Saint-
Louis; M. Duperrier, son frère, fut nommé
lieutenant de la compagnie.

En 1757, l'uniforme était un chapeau
comme nous l'avons dit ci-dessus, un petit uniforme bleu foncé et des boutons
blancs.

Le 15 août 1760, M. Morat succéda,
par ordre du roi, à MM. Duperrier, en
payant à ces derniers une somme annuelle
de 5,000 livres. A la même époque, et à
la suite de plusieurs incendies où des pompiers furent grièvement blessés, l'hôtel
des Invalides fut ouvert aux soldats de ce
corps.

Les dépenses de la compagnie des garde-pompes étaient payées par le trésor
sur le visa du lieutenant général de police.

En 1760, le feu prit aux baraques de la
foire Saint-Germain; l'incendie fut très
considérable.

Le 6 avril 1763, le feu prit à l'Opéra.

En 1764, la compagnie fut portée à quatre-vingts hommes, et l'on créa six corps-de-garde. L'hôtel du directeur était rue de la Jussienne.

En 1765, le nombre des corps-de-garde fut porté à 10, mais on ne faisait encore à cette époque qu'un service de nuit.

Le chapeau en cuir et en fer fut remplacé par un casque en cuivre.

En 1766, il y eut 12 corps-de-garde et deux dépôts d'eau, éclairés chacun par une lanterne ; les gardes-françaises et les gardes-suisses furent mises aux ordres du directeur-général des pompes.

En 1767, la compagnie fut portée à 108 hommes, 3 de service dans chaque corps-de-garde, ce qui faisait 36 hommes par jour ; les pompiers montaient la garde tous les 3 jours, et les gardes étaient de 24 heures.

En 1768, outre les 12 corps-de-garde, il y eut 14 dépôts de pompes et 8 dépôts de voitures à eau, servis chacun par deux garde-pompes.

En 1769 le nombre des corps-de-garde fut porté à 16.

En 1770 l'effectif de la compagnie fut porté à 146 hommes soldés, et 14 sur-numéraires ; elle fut composée ainsi qu'il suit :

2 chefs de brigade à..	5oo fr.	l'un
16 brigadiers à........	400	id.
16 sous-brigadiers à...	3oo	id.
16 appointés à........	25o	id.
96 gardes à..........	200	id.
146		

L'uniforme était en drap bleu, doublé en serge bleue, collet de panne noire, épaulettes jaunes, boutons en cuivre, un casque.

Les garde-pompes étaient habillés tous les trois ans, et payés tous les trois mois.

Pour l'entretien du corps, M. Morat recevait 70,000 fr. par an.

Il fut attaché à la compagnie un chirur-
gien-major nommé Arnaud, il eut
1,000 fr. d'appointemens.

Le nombre des corps-de-garde fut porté à 16, celui des dépôts d'eau à 12, et
celui des pompes resta de 30, comme
en 1722.

Le feu prit à l'Hôtel-Dieu, M. Ledoux
fut fait sous-brigadier en récompense de
sa bonne conduite dans cette circons-
tance.

En 1773, M. Morat reçut l'ordre de
Saint-Michel et fut dispensé de continuer
à payer à M. Duperrier la pension de
5,000 fr.

En 1776, le feu prit au Palais de Jus-
tice : le roi porta à 78,000 fr. la dépense
de la compagnie des garde-pompes.

En 1777, M. Deville, ingénieur des
ponts-et-chaussées fut nommé lieutenant
de la compagnie.

En 1779, M. Morat fut fait chevalier
des ordres du roi.

En 1780, il fut établi un 17ᵉ corps-de-garde, rue Vivienne.

En 1781, la salle de l'Opéra, au Palais-Royal, fut incendiée.

En 1783, il fut établi un 18ᵉ corps-de-garde rue du Faubourg - Montmartre.

En 1784, il fut établi un 19ᵉ corps-de-garde sur la place Vendôme.

En 1786, le corps de gardes-pompes fut porté à 221 hommes, et les fonds affectés à la dépense furent élevés à 116,000 fr.

Le sieur Antoine Deville fut nommé directeur-général et la solde fut portée :

pour le lieutenant	5,000 fr.	1
id. sous-lieutenans	1,500	2
id. adjudans	800	2
id. brigadiers	400	24
id. sous-brigadiers	300	24
id. appointés	250	24
id. gardes	200	144
		221
id. médecin	600	
id. chirurgien	600	

Le nombre des pompes fut porté à 39, celui des tonneaux à 42, dont 30 gros et 12 petits. Il y eut 12 dépôts d'eau, et 14 dépôts de pompes ; on forma un 20ᵉ corps-de-garde.

Le 16 février, même année, le sous-brigadier Ledoux fut nommé briga-dier.

Le 6 juin 1787, le feu prit au pavillon de Flore aux Tuileries, à la suite de cet événement, il fut établi deux corps-de-garde, un au Louvre et l'autre aux Tuile-ries ; le nombre total des corps-de-garde fut porté à 25.

En 1791, MM. Philip et Arnaud furent chargés du service de santé.

En 1792, M. Brunié fut nommé chi-rurgien-major en remplacement de M. Ar-naud.

Comme nous l'avons dit plus haut, la compagnie des garde-pompes fournis-sait des détachemens dans les châteaux royaux, tels que Versailles, Bellevue,

Compiègne ; ils étaient relevés tous les dimanches.

On étendit à cette époque le service, en assujétissant les théâtres à avoir des garde-pompes pendant les représentations et à les payer.

En 1793, la compagnie des garde-pompes était composée comme il suit :

MM. Morat, directeur-commandant.
Deville, lieutenant-adjoint.
Désaubliaux, sous-lieutenant.
Thurot,   *id.*
Chevrelat, ⎫
Dieu,   ⎬ adjudants.
Vallon,   ⎭
27 brigadiérs.
27 sous-brigadiers.
28 appointés.
174 gardes.

Le matériel se composait de :

56 pompes dont 12 aspirantes ;

42 tonneaux dont 12 petits ; le grand contenait 42 pieds cubes d'eau, le petit 8 pieds cubes.

2

Il y avait 15 dépôts de pompes et 13 dépôts de tonneaux.

Il y avait 27 corps-de-garde ; ceux du Louvre et des Tuileries avaient 5 hommes chacun, en sorte que le service journalier était de 85 hommes ; les gardes montaient tous les 3 jours.

Les pompes étaient éprouvées et les agrès réparés une fois par an, à l'hôtel du directeur, par les soins de M. Désaubliaux.

A partir de cette époque le service des incendies devint régulier. Les garde-pompes étant payés, il leur fut défendu expressément de rien accepter des incendiés.

La discipline était sévère, les fautes graves entraînaient le renvoi du coupable ; la probité devait être à toute épreuve. Le directeur disait qu'un vol de six blancs fait par un garde-pompe, méritait la corde. Les perturbateurs de l'ordre et les voleurs étaient signalés par leurs camarades ; ils étaient conduits devant le front de la compagnie; là on les couvrait d'un sac et ils étaient enfermés à Bicêtre.

Pendant la durée d'un incendie, on pourvoyait aux besoins des gardes.

Les principaux théâtres avaient un service de garde-pompes, mais il n'y avait de pompe qu'à l'Opéra, aux Italiens, aux Français et à Feydeau.

Lorsqu'un chef de pompe arrivait à un incendie, il avertissait le directeur général, qui s'y rendait et donnait avis du sinistre à l'autorité.

Les incendies étaient enregistrés.

Le directeur général ayant un privilége, il était défendu de démonter les pompes afin que le mécanisme en restât inconnu.

A la révolution, M. Morat quitta le commandement de la compagnie à 84 ans, après l'avoir dirigée pendant 32 ans; il mourut la même année.

Le commandement provisoire fut dévolu à M. Deville, son neveu; mais peu de temps après les priviléges ayant été abolis, tous les grades, dans la compagnie des gardes, furent donnés au concours.

Le 20 avril 1793, les candidats se rendirent à l'Hôtel-de-Ville, on proposa un problème relatif à un établissement d'incendie, et le sieur Picart Ledoux obtint au scrutin, 18 voix sur 20 pour le commandement ; les autres chefs furent :

M. Morisset, commandant en second ;

LES INSPECTEURS.	SOUS-INSPECTEURS.
MM. Duperche 1er,	Leherle 1er,
Debruge 2e,	Fouloy 2e,
Vanier 3e,	Guérin 3e,
Manoury, chirurgien-major.	

L'effectif fut porté à 8 chefs et 270 hommes, tant brigadiers que sous-brigadiers, appointés et gardes, répartis en trois tiers de 90 hommes chacun, nombre nécessaire pour le service journalier de 30 corps-de-garde.

La solde pour les chefs fixée ainsi qu'il suit :

Directeur général.	3,000 fr.
Sous-directeur...	1,800
Inspecteur.......	1,200
Sous-inspecteur..	1,000

Le matériel fut composé de 60 pompes, 30 gros tonneaux et 24 petits.

Les 19 théâtres existant alors, reçurent un service de garde-pompes pendant les représentations et quelques-uns un service de nuit en sus.

La compagnie augmentée, les hommes en uniforme armés d'un sabre, devint pour ainsi dire un corps composé de trois compagnies, ayant un commandant en premier un commandant en second 3 capitaines qui étaient les inspecteurs, 3 lieutenans qui étaient les sous-inspecteurs ; les brigadiers et sous-brigadiers devenaient les sergents et caporaux.

Ce corps eut un drapeau, il paraissait à toutes les fêtes nationales.

Il reçut en diverses circonstances le pain et la viande, il fut même question de le caserner.

En 1794 il reçut un code de discipline.

En 1795 le corps devint pour ainsi dire militaire : une loi du 9 ventôse porta la compagnie à 376 hommes divisés en trois compagnies.

MM. Ledoux, commandant en 1er.　4,000 fr.
　　Morisset,　　id.　　en 2e..　3,000
　　Foulou, quartier-maître. .....　2,400
　　Duperche,　⎫
　　Debruge,　⎬ capitaines. .....　2,400
　　Vannier,　⎭
　　David,　⎫
　　Paillet,　⎬ lieutenants. ...　2,000
　　Guérin,　⎭

　　　Sergents. ....　1,100
　　　Caporaux. ....　1,000
　　　Pompiers et Tambours.　1,000
　　　Chirurgien. ....　1,200

Il fut établi un conseil de discipline.

Les veuves furent assimilées à celles des défenseurs de la patrie.

En 1797 le feu prit au cirque du jardin du Palais-Royal.

En 1798 le feu prit au théâtre Lazari, boulevart du temple.

En 1799 le feu prit au théâtre de l'Odéon pendant la nuit, et de ce moment tous les théâtres durent avoir un service de 24 heures.

Le 6 juillet 1801 le premier Consul Bonaparte donna une autre organisation au corps des garde-pompes, il en porta l'effectif à 293 hommes soldés et admit des surnuméraires. Cette diminution dans le nombre des hommes entretenus, permit d'augmenter la solde qui fut ainsi fixée.

Commandant en 1er.	4,200 fr.
id. en 2e..	3,600
Ingénieur en 1er....	2,400
id. en 2e.....	2,000
Quartier-Maître.. ...	1,500
Capitaine..........	2,000
Lieutenant.........	1,500
Sergents...........	900
Caporaux..........	800
Gardes de 1er et 2e...	700 et 600

Il y eut 3 compagnies de 150 hommes environ.

Les surnuméraires, qui étaient au nombre de 60 par compagnie, s'habillaient à leurs frais ; ils étaient exempts de la conscription après deux ans de service ; ils devenaient titulaires et étaient soldés au fur et à mesure des vacances.

Ce corps était placé sous l'autorité du ministère de l'intérieur et du préfet de la Seine, et requis au besoin par le préfet de police.

Il dut être caserné, mais cette mesure ne fut pas exécutée.

La nouvelle solde ne fut appliquée qu'aux officiers.

En 1802 eut lieu l'explosion de la machine infernale. A cette époque l'état-major du corps fut placé quai des Orfèvres n° 20.

L'uniforme était un casque en cuivre avec turban en cuir, plumet bleu et rouge, pas d'épaulettes, habit en drap bleu de roi, revers, collet et parements en velours noir, retroussis en serge bleue, culotte bleue avec guêtres longues; plus tard la culotte fut remplacée par un pantalon étroit avec demi-guêtres bordées en rouge avec un gland idem; un baudrier noir verni et le briquet.

En 1803 eut lieu l'incendie de la lanterne du dôme de la Salpêtrière, occasioné par la foudre.

En 1810 eut lieu, rue de Provence, l'incendie de la salle de bal, où périt la duchesse de Schwarzemberg, et plusieurs personnes notables.

Cette catastrophe vint 1° de ce que toutes les précautions n'avaient pu être prises convenablement, parce qu'on ne voulut pas admettre les pompiers dans l'intérieur; 2° de ce que lorsque le feu éclata la foule qui se précipitait à l'extérieur empêcha les pompiers de pouvoir entrer pour agir dans l'intérieur de la salle; 3° de ce que le corps n'étant pas militaire, les ordres ne furent exécutés que très imparfaitement. Après cet événement, le commandant du corps qui était absent de Paris, fut destitué, et de ce moment la direction du corps passa dans les attributions du préfet de police.

L'intérim du commandement fut fait par le commandant en 2ᵉ, à qui on adjoignit MM. Peyre et Désaubliaux, pour la surveillance et l'administration du corps.

En septembre de la même année furent crées les assurances mutuelles contre l'incendie.

En janvier 1811, eut lieu l'incendie du marché d'Aguesseau.

En septembre même année, l'Empereur décréta qu'il serait formé un bataillon de Sapeurs-Pompiers de la ville de Paris, destiné à éteindre les incendies; qu'il concourrait au service de police de sûreté publique; que ce bataillon serait placé sous les ordres du préfet de police; qu'il serait armé, caserné par compagnie, et soumis à la discipline et aux lois militaires.

Que l'état-major serait composé et payé comme il suit :

Un chef de bataillon commandant supérieur....	6,000 fr.	M. Delalanne.
Un ingénieur.........	3,000	Peyre.
Un adjudant-major.,...	2,000	Désaubliaux.
Un chirurgien-major....	1,800	Sengensse.
Un quartier-maître......	1,500	Lacombe.
Un garde-magasin.......	1,500	Gaillard.
1ʳᵉ comp. capit. Duperche.	3,000	
lieut. Legaigneux.	1,800	
2ᵉ comp. capitaine Queru.		
lieut. Cartier...		
3ᵉ comp. capit. Taisan...		
lieut. Guérin....		
4ᵉ comp. capit. Lacon...		
lieut. Ledoux...		

Qu'il y aurait par compagnie :

1 sergent-major.
4 sergens.
1 fourrier.
10 caporaux.
10 appointés.
2 tambours.
112 sapeurs.

Que la solde des sapeurs serait de of.95 c., plus le produit des services des théâtres.

Tous les sous-officiers, caporaux et soldats qui étaient en état de servir, et qui voulurent rester, furent conservés, et reconnus dans leurs grades. On compléta le corps par des enrôlemens volontaires; ceux des anciens pompiers qui n'avaient pas le temps voulu pour la retraite, furent employés comme auxiliaires jusqu'à ce qu'ils eussent atteint ce temps, ou qu'ils se fussent décidés à contracter un enrôlement.

La difficulté d'approprier les hommes de l'ancien corps, presque tous mariés et ayant des états, aux habitudes militaires et surtout au casernement, fit que le but de la nouvelle organisation ne put être atteint.

En 1813, seulement la 2ᵉ compagnie fut casernée rue de la Paix.

A la suite d'un feu de cave qui fut mal attaqué, et qui mit en rumeur tout un quartier, M. Delalanne perdit le commandement du corps, qui fut confié à M. Plazanet, chef de bataillon du Génie, le 1er janvier 1814.

En 1814, la 3e compagnie fut casernée rue Culture-Sainte-Catherine.

Il y eut à cette époque deux feux considérables, l'un boulevart du Temple, et l'autre rue de Jouy.

En 1815, la 4e compagnie fut casernée rue du Vieux-Colombier.

A cette époque eut lieu l'incendie de la manutention, rue du Cherche-Midi. (Par ordonnance du 31 janvier furent nommés légionnaires MM. Ledoux, Sengensse et Désaubliaux.)

En 1818, et par ordonnance du 1er juillet, fut nommé chevalier de la Légion-d'Honneur, le sergent Swinnens, à la suite du feu de l'Odéon.

Jusqu'en avril 1821, il n'y aucun changement dans le corps, le recrutement se faisait difficilement.

En avril 1821, M. Plazanet fut nommé

lieutenant-colonel et conserva le commandement du corps.

En septembre, même année, parut une
ordonnance portant : que le corps des
Sapeurs-Pompiers de Paris, ferait partie
du complet de l'armée, mais resterait
soldé et entretenu par la ville. (Par ordonnance du 1er mai furent nommés légionnaires MM. Caizac, capitaine, et An-
fray, lieutenant.)

En août 1822, parut une nouvelle
ordonnance qui régla les diverses parties
de l'administration.

D'après ces deux ordonnances, le corps
fut organisé définitivement le 1er novembre. 1822.

Nota. Jusqu'en 1811, les sapeurs blessés dans les
incendies, obtinrent des secours; et les veuves de
ceux qui périrent eurent de la ville une pension fixée
généralement à 600 fr.

Parmi les anciens officiers, sept furent
conservés :

MM. Plazanet, lieutenant-colonel.
    Langlois, ingénieur.
    Guérin, adjudant-major.
    Caizac, capitaine.
    Ledoux,   *id.*
    Dubousset, lieutenant.
    Anfray,   *id.*

Il resta donc deux places vacantes de capitaine, ainsi que deux places de lieutenant; elles furent données à

MM. Linard, capitaine d'infanterie.
    Anfray, lieut. au corps des pompiers.
    Crosnier, garde du corps.
    Delamarre,   *id.*

Les emplois civils furent confiés à

MM. Chalot, trésorier.
    Sengensse, chirurgien-major.
    Gailard, garde-magasin.
    Duhamel, maître ouvrier.

Le nombre des sous-officiers, caporaux et soldats qui furent conservés, s'éleva à 457, les autres ayant été congédiés, soit parce que leur temps était fini, soit parce qu'ils avaient droit à leur retraite, ou à

3..

la réforme, ou bien qu'ils étaient étrangers.

Le corps fut complété par des hommes envoyés des régimens, ou par des enrôlemens volontaires.

La 1re compagnie fut casernée avec la 4e, rue du Vieux-Colombier.

Un arrêté du préfet de police régla, 1° les indemnités de route dues aux officiers, sous-officiers, caporaux et soldats du corps des Sapeurs-Pompiers voyageant isolément ou par détachemens ;

2°. Les allocations dues aux sous-officiers, caporaux et sapeurs, pour les différens services qu'ils font dans les théâtres.

En 1823 parut une décision ministérielle pour la comptabilité relative aux indemnités de route et de subsistance pour les hommes devant passer des divers corps de l'armée dans celui des Sapeurs-Pompiers.

En 1824 fut rendue une ordonnance

qui admit les officiers de santé du corps des Sapeurs-Pompiers à prendre rang parmi ceux de l'armée.

Une décision ministérielle détermina la place que le corps devait occuper dans les cérémonies ; elle lui donna la gauche de l'infanterie de ligne.

Une ordonnance royale accorda aux officiers du corps des Sapeurs-Pompiers la faveur d'être admis à la retraite du grade supérieur, après dix ans d'activité dans le grade inférieur.

En 1826, une ordonnance royale établit que les services rendus dans l'ancien corps, compteraient pour l'obtention des grades, des décorations et de la retraite.

En mars eut lieu l'incendie du Cirque.

En 1827 une décision ministérielle autorisa le remplacement immédiat des hommes en congé d'un an.

A cette époque, eut lieu l'incendie de l'Ambigu-Comique. (Mort du sapeur Marest.)

Une ordonnance royale du 8 août nomme légionnaires M. Schrender, adjudant, pour sa belle conduite au feu de l'Ambigu, Défossés, sapeur, idem.

Une ordonnance du 3o octobre nomme légionnaire M. Poilleux, lieutenant.

En août 183o, M. Plazanet, lieutenant-colonel, commandant le corps fut remplacé par M. Amilet, chef de bataillon du Génie.

En septembre, même année, une délibération du conseil municipal admit les réductions demandées par les administrations théâtrales, et approuvées par le préfet de police.

Le 10 décembre, même année, M. Amilet mourut et fut remplacé par M. le chevalier Gustave Paulin, chef de bataillon du Génie, qui n'entra en fonctions que le 26.

En 1831, le 21 mars, furent nommés chevaliers de la Légion-d'Honneur, sur la présentation de leur chef :

MM. Chalot, trésorier.
   Cahour, sergent-major.
   Grosjean,   id.
   Bussière, sergent.
   Toire, tambour.

Le 14 septembre, même année, furent nommés, dans la Légion-d'Honneur :

Le commandant Paulin, officier de la légion.
Terchou, adjudant, ⎫
Legay, sapeur,   ⎬ légionnaires.

Le 6 août, un arrêté de M. le préfet de police fixa la rétribution des services salariés pour les officiers.

En 1832, le 20 janvier, il fut créé quatre places de sous-lieutenant, elles furent données aux sous-officiers du corps; on supprima en même temps les maîtres ouvriers, les mariniers et les pompes sur bateaux.

Le 7 avril, même année, le choléra ayant emporté 12 hommes dans la caserne de la rue du Vieux-Colombier, où se trouvaient réunis 300 hommes composant l'effectif des 4e et 1re compagnie, 50 hommes

de la première passèrent dans une maison
de la rue du faubourg Saint-Martin, où
l'on a formé une quatrième caserne.

Le 25 juillet, même année, furent pro-
mus, dans l'ordre de la Légion-d'Honneur :

> MM. Dupré, capitaine, officier de la légion.
> Mayniel,   *id.*
> Gérin, caporal,
> Marotte, sapeur,   } légionnaires.
> Dubray, caporal,
> Courtois,   *id.*

Le 20 novembre le reste de la première
compagnie, fut logé dans la nouvelle caserne, rue du faubourg Saint-Martin, 126.

Le 14 décembre, il fut arrêté un nouveau tarif de solde, avec une augmentation d'allocation de la masse individuelle.

L'allocation journalière pour la masse
de chauffage, fut réduite, et celle d'hôpital augmentée.

En 1833, le 24 février, on supprima
l'allocation de 40 francs, de première

mise accordée aux hommes en rentrant au corps, ainsi que la prime de rengagement; on exigéa que les hommes sussent lire et écrire, et qu'ils versassent une somme de 250 francs en entrant au corps.

Le II mai, les emplois d'adjudant-major, et de garde-magasin civil furent supprimés.

On créa en même temps :

1°. Un sous-lieutenant chargé de l'habillement;

2°. Un sergent-major garde-magasin;

3°. 64 nouveaux caporaux en supprimant pareil nombre de sapeurs;

4°. On forma une section hors rang, composée d'un sergent, d'un caporal et de deux sapeurs, le tout sous le commandement du sous-lieutenant d'habillement.

Le 5 juin le sieur Mottet, sergent, est nommé membre de la Légion-d'Honneur.

En 1834, le 27 avril, après les émeutes,

furent nommés dans la Légion-d'Honneur :

Chieusse, sergent, } légionnaires.
Bochot, caporal,

En 1834, le 11 août, M. Paulin, commandant le corps, est promu au grade de lieutenant-colonel, et conserve le commandement du corps.

En 1834, le 26 décembre, ordonnance royale qui assujétit le trésorier du corps à fournir à l'avenir un cautionnement qui sera réalisé au trésor public, soit en numéraire, soit en rentes sur le grand livre, et qui fixe ce cautionnement à la somme de 25,000 fr.

En 1835, le 21 février, feu du théâtre de la Gaîté; mort du sapeur Beaufils.

Même année, ordonnance royale du 8 mai qui nomme membres de la Légion-d'Honneur :

Dupias, sous-lieutenant.
Collin, sergent-major.

En 1836, ordonnance royale du 17 février, relative au nouveau mode de recrutement du corps des Sapeurs-Pompiers qui, au besoin, sera complété chaque année par de jeunes soldats de nouvelle levée.

Décision ministérielle du 3 mars qui ordonne le renvoi d'urgence dans leurs foyers des sapeurs libérables en 1836.

INSTRUCTION GÉNÉRALE

sur les mesures à prendre aux environs des lieux incendiés.

Lorsqu'un incendie se déclare il faut :

1°. Arriver promptement sur les lieux afin d'éviter que le feu ne fasse des progrès, ce qui augmente considérablement les difficultés, non parce qu'il y a une plus grande masse de feu, mais parce qu'il y a plus de points de contact avec le voisinage, ce qui force à disséminer les moyens et rend la surveillance plus difficile.

2°. Faire retirer immédiatement, et à grande distance, la foule des curieux et des travailleurs bourgeois, qui mettent autour du lieu de l'incendie une confusion et un désordre susceptibles de produire de graves accidens, et rend le plus souvent leur zèle plus nuisible qu'utile, en ce que, n'ayant pas les connaissances nécessaires, ils ouvrent toutes les issues sans discernement, établissent des courans d'air qui donnent de l'activité au feu, et le portent souvent dans des parties du bâtiment qu'il n'eût pas dû atteindre ; qu'ils convertissent ainsi en incendie déplorable ce qui n'eût été souvent qu'un feu de peu d'importance ;

Qu'ils envahissent le terrain sur lequel on doit opérer, et que, lorsque les pompiers arrivent, ils ne peuvent voir la disposition des lieux, et juger d'un coup d'œil de l'ensemble des opérations qu'ils ont à faire ;

Enfin, que parmi les curieux et les travailleurs se glissent une foule de filous, qui, sous le prétexte de porter des secours, dévalisent les habitations et mettent le désordre à dessein, afin de pouvoir mieux agir dans leurs intérêts.

3°. S'informer aussitôt qu'on est arrivé sur les lieux, s'il y a des personnes à sauver, afin d'arriver dans les logemens par les croisées et avec le sac de sauvetage, si les escaliers sont envahis par le feu et sont devenus impraticables.

4°. Faire une reconnaissance rapide des lieux, disposer les postes de secours aux points les plus dangereux pour le voisinage, en même temps qu'on s'occupe d'empêcher les progrès du feu en attaquant le foyer de l'incendie.

Ce n'est qu'après que ces dispositions auront été prises avec autant de rapidité qu'on aura pu le faire, qu'on sera en état

d'utiliser la population zélée, qu'on pourra demander une certaine quantité de travailleurs, qu'on les fera relever à tour de
rôle, et que les opérations se feront avec
ordre et fruit.

Pendant qu'on s'occupera à la reconnaissance des lieux et qu'on disposera les
pompes, le commandant fera arriver, par
tous les moyens possibles, l'eau nécessaire
pour les alimenter, soit en formant des
batardeaux, soit en formant la chaîne au
moyen de la population, à partir des
bornes-fontaines ou des puits; il mettra
les porteurs d'eau en réquisition, en se
servant de l'appui des commissaires de
police, et fera conduire les tonneaux aux
points les plus importans; il veillera surtout à ce que les ordres ne se contrarient
pas, ce qui paralyserait les moyens et mettrait de la confusion.

5°. Faire arriver, le plus vite que faire
se pourra, la garnison, tant pour rétablir
l'ordre que pour travailler. On obtiendra

ainsi du silence, du calme et de l'obéis-
sance, ce qui manque toujours et rend les
opérations difficiles ; car il faut bien se
persuader qu'on a toujours, dans un moment pareil, dix fois plus de monde qu'il
n'en faut, et qu'on travaille beaucoup
moins et avec peu de succès, parce qu'il
y a confusion, et qu'on ne peut ni se faire
entendre, ni se faire obéir.

L'officier ou le sous-officier le plus ancien prendra le commandement.

Les commandemens seront faits au sifflet, afin d'être mieux entendus et compris.

Le commandant visitera tous les établissemens, laissera subsister ceux qui
sont bien placés, rectifiera les autres, et
supprimera ceux qu'il jugera inutiles.

Pendant les grands froids, il aura soin
de faire activer la manœuvre pour que
l'eau n'ait pas le temps de séjourner dans
les boyaux et de s'y geler.

Il s'entendra avec le commissaire de

police du quartier qui fera arriver les secours de tous les points de son quartier,
et fera prévenir les fontainiers afin que les
conduites soient pleines.

CONSIDÉRATIONS

sur le corps des Sapeurs-Pompiers.

————

Pour que le service des Sapeurs-Pompiers puisse bien marcher dès l'annonce
d'un incendie, il faut que chaque officier,
sous-officier, caporal et sapeur, connaisse
bien les fonctions qu'il a à remplir, soit
au départ de la caserne, soit sur le lieu de
l'incendie, attendu que tous les hommes
présens à une caserne ne doivent pas marcher au même moment, sans quoi il pourrait arriver des accidens s'il se manifestait
un deuxième incendie aux environs, et
que tout le monde serait harrassé de fa-

tigue en même temps, si l'incendie était
de longue durée. Il a donc fallu préciser
par une instruction les devoirs de chacun,
et établir un ordre de service dans chaque
compagnie.

DÉFINITION

des termes employés dans les operations à faire pour
l'extinction des incendies.

Reconnaissance.

Reconnaître un feu, c'est parcourir autant que possible le bâtiment qui est la
proie des flammes, et prendre tous les
renseignemens nécessaires, afin de savoir
positivement où est le foyer de l'incendie,
et quelle est la nature des matières qu'il
dévore.

Établissement.

Faire un établissement, c'est disposer
la pompe et les boyaux de la manière la

plus facile et la plus convenable pour éteindre promptement le feu.

Attaque.

Attaquer le feu, c'est se porter dessus avec la lance, et faire tout ce qu'il faut pour le refouler et l'éteindre.

Développement.

Développer, c'est enlever les boyaux de dessus la bâche, les dérouler et les placer de manière à diminuer les coudes, afin que l'eau puisse arriver à la lance promptement et avec force.

Manœuvre.

Manœuvrer, c'est faire mouvoir le balancier au moyen de 6 ou 8 hommes qu'on met aux leviers, afin de faire arriver au bout de la lance, l'eau dont on a rempli la bâche et la projeter avec force.

Armement.

Armer une pompe, c'est placer sur le balancier, dans la bâche et sous le chariot, tous les agrès nécessaires pour sauver les personnes et éteindre le feu.

Noircir.

Noircir, signifie arroser les boiseries et les murs qui ne sont qu'effleurés par les flammes, afin d'empêcher qu'ils ne s'enflamment eux-mêmes. Ils noircissent en effet par cette opération, se charbonnent sans s'enflammer, ce qui permet de ne s'occuper que du foyer.

Raccords.

On appelle raccords les pièces en cuivre qui servent à réunir les garnitures avec la bâche, ou deux demi-garnitures entre elles. On tourne toujours ces pièces de gauche à droite pour les monter, et de droite à gauche pour les démonter.

DÉPART DES CASERNES.

Instruction pour les incendies.

1° Chaque compagnie étant divisée en deux sections, chaque section, à tour de rôle, marche à l'incendie.

Les premier, deuxième sergens et le fourrier sont attachés à la 1re section ; les troisième, quatrième et cinquième sergens sont attachés à la 2e section. Le sergent-major remplace le sergent de semaine qui reste toujours à la caserne.

Le sergent de garde est remplacé par le sergent (le premier) de la section de repos.

2° Toute section éveillée pour marcher au feu, et qui s'est préparée au départ, est supposée avoir marché.

3°. Chaque section étant divisée en cinq escouades, une sort en veste sans épau-

lettes, le fusil en bandoulière sans baïon-
nette, avec giberne, sans sabre, la ceinture
sur la banderolle de la giberne; l'autre
sort avec la première pompe, la troisième
avec la deuxième pompe, et enfin, deux
avec trois tonneaux. Ces cinq escouades
vont en veste, sans épaulettes, casque
sans crinière, ceinture sur la veste.

Un sous-officier a le commandement
de la première pompe, un autre celui de
la deuxième pompe, et un troisième, le
commandement de l'escouade armée et
des deux escouades attachées aux tonneaux.

La section est commandée par l'officier de semaine; si c'est un sous-officier
qui remplit les fonctions d'officier de semaine, il ne prend le commandement
qu'en l'absence de tous les officiers.

Parmi les officiers présens, celui qui
doit prendre la première semaine, remplace l'officier de semaine, pendant qu'il
est à l'incendie, ou se rend au feu à la

place du sous-officier qui remplirait les fonctions d'officier de semaine.

4°. Les sous-officiers désignés pour le commandement de telles ou telles escouades ont, dans la bombe de leur casque, l'état nominatif des hommes qui composent les escouades sous leur commandement, afin d'en faire l'appel pour le retour partiel.

5°. Le départ n'a lieu que par les ordres de l'officier qui prend le commandement, et qui fixe le nombre de pompes et tonneaux qui doivent sortir de la caserne.

Les sous-officiers, caporaux et sapeurs attachés aux autres pompes ou tonneaux, attendent dans la cour les ordres qui peuvent être envoyés du feu.

6°. Chaque sous-officier désigne un sapeur pour porter les torches.

7°. Le sous-officier qui commande le détachement armé et les détachemens attachés aux tonneaux, doit être en veste, épaulettes, casque sans chenille, et sabre avec buffleterie ; il est chargé de la police, de l'établissement du parc, de l'alimentation des pompes ; en conséquence, il s'arrête à cinquante pas de l'incendie, et ne laisse avancer que la première pompe, le sous-officier et le chef de la 2ᵉ pompe qui suivent l'officier pour prendre ses ordres.

8°. Le plus ancien caporal ou chef de poste de l'escouade attachée à une pompe, est chef de cette pompe ; le sous-officier désigne parmi les sapeurs, les premier et deuxième servans ; les autres manœuvrent la pompe et versent l'eau dans la bâche. On n'emploie les bourgeois à la manœuvre de la pompe que lorsque les sapeurs de l'escouade sont insuffisans.

9°. Pendant la reconnaissance, le sous-officier de police place des fonctionnaires pour empêcher l'encombrement des curieux, et les déménagemens inutiles.

10°. Si l'officier juge qu'une deuxième pompe est inutile, le sous-officier qui la

commande se retire de suite avec son escouade; il se fait suivre du tonneau, ou
des tonneaux dont l'emploi n'a pas été
reconnu nécessaire ; c'est le troisième tonneau qui doit se retirer le premier.

11°. Si l'officier a jugé qu'une deuxième
pompe était nécessaire, le sous-officier
qui la commande la fait porter rapidement sur le point qui lui a été désigné.

Le premier tonneau rejoint la première
pompe, le deuxième tonneau suit la
deuxième; le troisième tonneau est employé où le premier besoin se fait sentir.

12°. Les paquets de seaux sont défaits,
le sous-officier de police à qui ils sont confiés, les distribue aux différentes chaînes
suivant le besoin.

13°. Le sous-officier de police fait prendre dans les coffres, les clés de bornes-
fontaines, et fait ouvrir celles dont on doit
faire usage.

14°. Le sous-officier qui commande une
pompe, est chargé de diriger le chef, et

pour cela il fait avec lui la reconnaissance
de la partie de l'incendie dont l'attaque
lui a été confiée par l'officier ; il indique
au chef la manière dont l'établissement
doit être fait, il surveille cet établissement,
désigne les points sur lesquels il faut porter les premiers secours. Il ne prend pas
la lance, elle est tenue par le chef ; il
veille à ce qu'aucun homme ne s'écarte
de son poste, sans son ordre, et à ce que
les sapeurs conservent, autant que possible, le calme et le silence nécessaires
pour que les secours soient bien efficaces.

15°. Les hommes qui sont aux tonneaux
vont les remplir aussitôt qu'ils sont vides ;
le sous-officier de police les dirige à leur
retour sur les points où l'eau est le plus
nécessaire ; il dirige de même les tonneaux
de porteurs d'eau lorsqu'ils arrivent, et
les fait retirer dès qu'ils sont vides, afin
d'éviter l'encombrement ; il fait placer
des lumières aux points où l'on prend
l'eau, et auprès des pompes.

16°. L'officier dans sa reconnaissance s'est fait accompagner d'un sapeur qu'il envoie ensuite à l'état-major du corps; il envoie aussi un homme à l'état-major de la place, toutes les fois que l'incendie nécessite la manœuvre d'une pompe.

L'officier fait prévenir le commissaire de police, il porte son attention sur l'ensemble des secours; il ne s'occupe des détails confiés aux sous-officiers que lorsqu'il est certain que ces détails ne lui feront pas perdre de vue quelques parties de sa surveillance.

17°. Aussitôt que l'officier peut s'occuper de l'établissement du parc, il en désigne le point au sous-officier de police, qui y fait réunir les seaux, échelles, cordages, etc., par les hommes qui étaient attachés aux tonneaux; aussitôt qu'ils ne sont plus nécessaires à ce service, il les fait garder par des hommes armés.

18°. Si une ou plusieurs pompes des postes de ville sont établies au moment

où l'officier arrive, il fait occuper immédiatement les corps-de-garde abandonnés,
par les chefs et sapeurs amenés de la caserne ; mais si ces derniers sont nécessaires,
l'officier ne se prive pas de leurs secours,
et fait alors prévenir celui qui le remplace
à la caserne, pour faire occuper les postes.
Après l'extinction de l'incendie, l'officier
juge s'il doit renvoyer à leurs postes de
ville les sapeurs qui étaient au feu, ou si,
à cause de leur fatigue, il doit les ramener
à la caserne.

Si les postes arrivent après les secours
de la caserne, le sous-officier de police les
arrête ; les chefs vont prendre les ordres
de l'officier, qui les fait retirer immédiatement si leur présence est inutile.

Si par l'arrivée des postes, il se trouvait moins de sous-officiers que de pompes
établies, l'officier mettrait sous le commandement d'un sous-officier plusieurs
pompes.

19°: Aussitôt qu'une pompe est inutile,

5..

le sous-officier qui la commande, après en avoir averti l'officier, fait démontrer l'établissement, et se retire avec son détachement, si l'officier ne lui donne pas l'ordre de s'établir ailleurs.

Dès que les sapeurs attachés aux tonneaux, ont remis au parc, les seaux, échelles, etc., s'ils ne sont plus nécessaires, le sous-officier de police les renvoie à leur caserne avec leurs tonneaux.

20°. Les sous-officiers, à leur retour, rendent compte à l'officier ou au sous-officier de semaine, des pertes et dégradations des effets des sapeurs sous leurs ordres.

21°. L'officier fait en sorte que personne ne soit inactif, et que les départs partiels pour la caserne aient lieu aussitôt que possible.

22°. Il est expressément défendu à tout sapeur de s'écarter du poste qui lui a été désigné sur le lieu de l'incendie, et s'il a été employé par le sous-officier, il doit rejoindre son poste aussitôt que le service pour lequel il a été appelé est terminé.

23°. Le bon emploi des secours nécessitant l'unité du commandement, le premier officier arrivé sur le lieu de l'incendie commande, tant que la présence d'un seul officier est suffisante; si un ou plusieurs officiers se présentent à un incendie, sans amener du secours, ils se concertent avec l'officier qui a le commandement, et s'il est reconnu que le concours de plusieurs officiers est indispensable, le plus ancien, après avoir pris connaissance parfaite de l'incendie, en prend le commandement.

Si un officier arrive avec des secours, il ne doit en faire usage qu'après s'être concerté avec l'officier qui commande. Si ces nouveaux secours sont reconnus nécessaires, l'officier qui les a amenés les établit, le plus élevé en grade des deux officiers ou le plus ancien, à grade égal, prend alors le commandement; si les nouveaux secours sont inutiles, l'officier qui les commande les fait retirer, et il se retire lui-même, si sa présence n'est pas nécessaire.

24°. Pendant et après l'extinction de l'incendie, l'officier prend tous les renseignemens nécessaires à la rédaction du rapport.

25°. Après l'extinction de l'incendie, si l'ingénieur n'est pas présent, le commandant du détachement fait charger les seaux, cordages, etc., qui ont été réunis par les soins du sous-officier de police.

———

Devoirs de l'officier de semaine, en cas d'incendie.

26°. L'officier de semaine s'assure, en faisant l'appel, que l'on désigne les escouades qui doivent marcher en cas d'incendie, il veille à ce que les hommes des escouades désignées retirent les chevilles des casques, placent les vestes, pantalons, etc., sur la tablette à la tête du lit, de manière à ne pas perdre un instant pour les trouver lors d'un avertissement.

27°. Il s'assure que le caporal de garde a bien compris ses devoirs ; il lui remet un tableau contenant les noms de l'officier, des sous-officiers, et les numéros des escouades qui doivent marcher en cas d'incendie; ce tableau désigne l'ordre du départ. Cette désignation change toutes les fois que l'on a été au feu, afin que chacun à son tour puisse acquérir de l'expérience dans chaque partie du service.

Ce tableau est conforme au modèle ci-joint :

De service pour l'incendie.

M. . . . . officier de semaine.
Les sieurs. . . . . }
. . . . }sous-officiers.
. . . . }

Les escouades n^{os}.......

L'escouade n°......... en armes.

    Id.   n°.......... à la 1re pompe.

    Id.   n°......... à la 2e   *id.*

    Id.   n°........⟩

                  ⟩aux tonneaux.

    Id.   n°.........⟩

Remplaçant l'officier de semaine, M............

28°. L'officier de semaine se rend à tous les incendies pour lesquels il sort des secours de la caserne, ou pour lesquels une pompe est en manœuvre ou a manœuvré.

29°. Si l'incendie a lieu de jour, à une heure à laquelle il n'y a presque pas de sapeurs à la caserne, l'officier de semaine rejoint rapidement la pompe qu'a dû faire partir le caporal de garde; il donne à celui-ci ou au sergent de semaine des instructions sur le départ des secours qu'il juge convenable de lui faire parvenir de suite.

30°. Si l'incendie a lieu de jour, à une heure à laquelle les sapeurs sont réunis, l'officier de semaine prescrit le nombre de pompes et tonneaux qui doivent sortir; les premiers placés conduisent les pompes et tonneaux, le sergent de semaine désigne les hommes armés.

31°. Il ne sort jamais qu'un sous-officier commandant le détachement armé et les tonneaux, ainsi qu'un sous-officier par pompe.

32°. L'officier de semaine, le lendemain matin, envoie sur le lieu de l'incendie le sous-officier qui était de police avec un détachement chargé de recueillir les agrès qui n'auraient pas été rapportés à la caserne, ce sous-officier ramène à la caserne les pompes et les détachements qui auraient été laissés sur le lieu de l'incendie, si leur présence n'est plus nécessaire; s'il juge que la surveillance des sapeurs-pompiers est encore utile, il laisse le nombre d'hommes nécessaires sous les ordres d'un chef capable.

33°. Dès que l'officier de semaine sera averti qu'une pompe aura manœuvré, il la fera remplacer par une pompe de la caserne, garnie d'une échelle à crochets; la pompe du poste sera conduite à l'état-major.

34°. L'officier de semaine envoie, avant le rapport général, une ordonnance au poste qui aurait fait la veille ou pendant la nuit l'attaque d'un incendie, afin d'en prendre le rapport qu'il certifiera, et auquel il fera les observations et additions qu'il jugera nécessaires.

Devoirs du sergent de semaine.

35°. Le sergent de semaine se rend dans la cour aussitôt qu'il est averti d'un incendie; il prépare le départ, fait placer les hommes aux pompes, aux tonneaux qu'ils doivent traîner, suivant les escouades auxquelles ils appartiennent et d'après les indications du tableau remis au caporal de garde. Il fait exécuter le départ selon les ordres de l'officier de semaine, qui lui sont transmis par le caporal de garde.

36°. Le sergent de semaine fait ensuite remplacer les hommes de garde qui sont partis pour l'incendie.

Ces premiers devoirs remplis, si l'incendie a lieu de nuit, le sergent de semaine monte dans les chambrées et fait un contre-appel des escouades qui n'ont pas dû bouger. Il s'assure que tous les sapeurs des escouades marchant sont partis ou dans la cour, prêts à conduire le matériel dont le départ n'a pas encore été ordonné ; il reste ensuite au corps-de-garde, pour recevoir plus promptement les ordres de l'officier qui commande sur le lieu de l'incendie, soit pour faire occuper des postes, soit pour envoyer de nouveaux secours.

37°. Le sergent de semaine prend note de l'heure du départ et de la rentrée de chaque détachement partiel ; il examine le matériel, compte les agrès, etc. Il reçoit les déclarations des chefs de détachemens sur la détérioration des effets des sapeurs. Il constate ces dégradations en présence des caporaux de garde et de semaine, avant que les réclamans ne montent dans leurs chambres.

38°. Aussitôt que l'officier de semaine rentre, il lui rend compte des heures du départ et de la rentrée des détachemens, des pertes et dégradations, tant du matériel que des effets des sapeurs.

39°. Dans tout ce service, le sergent de semaine est aidé par le caporal de semaine.

40°. Le service du sergent et du caporal de semaine est surveillé par l'officier qui doit entrer le premier en semaine et qui remplace l'officier de semaine pendant que celui-ci est absent pour l'incendie.

Un état de pertes et dégradations, tant du matériel que des effets des sapeurs, est dressé par le sergent de semaine, certifié par lui et par les deux caporaux de garde et de semaine, et transmis au commandant.

Devoirs du caporal de garde au quartier relativement aux incendies.

41°. De jour ou de nuit, lorsque le caporal est averti pour un feu de cheminée, il fait partir sur le champ trois hommes de sa garde. Le sapeur qui a été désigné pour faire les fonctions de caporal de pose est chef, celui-ci fait prévenir le commissaire de police, et, après l'extinction du feu, prend les notes nécessaires à la rédaction du rapport qu'il remet le lendemain à l'officier de semaine, à la descente de sa garde.

42°. Si l'avertissement d'un incendie a lieu le jour, à une heure où presque tous les sapeurs sont absens de la caserne, le caporal de garde fait partir cinq hommes avec une pompe, sous le commandement du plus ancien sapeur; aussitôt qu'il a ordonné le départ, il avertit l'officier de semaine, il envoie en même temps un homme dans les chambrées pour faire descendre dans la cour tous les sous-officiers et sapeurs qui attendent les ordres de l'officier de semaine, ou du sous-officier qui aurait reçu les instructions de l'officier, après son départ pour l'incendie.

43°. De jour ; si l'avertissement a lieu à l'heure des repas ou des exercices, il ne fait partir les hommes de sa garde que si l'incendie est rapproché, autrement il se borne à prévenir l'officier de semaine le plus promptement possible et à faire avertir les sous-officiers et sapeurs; le départ n'a lieu que par les ordres de l'officier de semaine.

44°. De nuit, si l'avertissement fait connaître un incendie dans un quartier rapproché de la caserne et pour l'extinction duquel il n'y a pas encore de secours, le caporal de garde fait partir de suite une pompe avec trois hommes de sa garde, et aussitôt qu'il a ordonné le départ, il envoie un homme dans les escouades qui doivent marcher au feu, un homme chez le sergent de semaine et les sous-officiers; il avertit lui-même l'officier de semaine, prend ses ordres et descend ensuite rapidement pour faire allumer les flambeaux et préparer le matériel; le deuxième départ n'a lieu que sur les ordres de l'officier de semaine.

45°. Si l'avertissement de nuit fait connaître un incendie dans un quartier éloigné, ou si l'on est averti de la présence d'un poste, la garde ne sort pas, le caporal fait des avertissemens le plus promptement possible comme il a été dit ci-dessus ; pendant ce temps, les sapeurs restés au poste allument les flambeaux et sortent le matériel qu'ils placent dans la cour, les flèches tournées vers la porte, et dans l'ordre suivaut : d'abord deux pompes, ensuite trois tonneaux ; la porte de la caserne n'est ouverte que sur l'ordre de l'officier qui prend le commandement.

La personne qui a fait l'avertissement doit, dans tous les cas accompagner la première pompe.

46°. Si la pompe part avant que l'officier de semaine ne soit averti, le caporal de garde doit prendre sur la nature de l'incendie et sa position tous les renseignemens nécessaires à l'officier de semaine ; dans l'autre cas, il conduit chez l'officier

de semaine la personne qui a fait l'avertissement.

Le caporal de garde se fait toujours
accompagner chez l'officier de semaine
par le sapeur qui doit faire l'avertissement
à l'état-major, et auquel l'officier donne
ses instructions.

*Devoirs du caporal ou chef de poste de
ville.*

47°. En arrivant au poste, le chef de
la garde montante reçoit tout en consigne
de celui qui descend la garde ; ensuite le
chef et les deux servans retirent la chenille de leurs casque qu'ils placent sur une
tablette ; ainsi que leurs ceintures ; ils sus-
pendent leurs sabres au porte-manteau,
se mettent en veste et bonnet de police.

48°. Les hommes restent constamment
habillés, afin de ne pas perdre de temps,
lorsqu'il faut aller au feu.

49°. A la nuit, le chef de poste fait ranger les bancs et autres effets qui pourraient intercepter le passage de la pompe, et veille à ce que rien ne puisse retarder le départ.

50°. Quand un poste est averti pour un incendie, il doit s'y rendre aussi vite que possible avec la pompe et se faire suivre par le tonneau, s'il peut trouver des gens de bonne volonté pour le conduire.

51°. Aussitôt que le chef a établi sa pompe et qu'il a reconnu la nécessité de la mettre en manœuvre, il envoie son deuxième servant à l'état-major, ou à la caserne la plus rapprochée pour donner promptement des renseignemens positifs sur l'incendie ; il envoie prévenir le commissaire de police du quartier pour toute espèce de feu.

Si le chef ne peut détacher un de ses servans, sans nuire à l'action des secours, il s'adressera au chef de la garde de police pour le prier de faire avertir à la caserne la plus rapprochée ou à l'état-major ; s'il n'y a pas de garde de police, ou qu'un poste arrive avant que l'ordonnance de la garde de police ne soit partie, le chef de ce deuxième poste envoie rapidement son deuxième servant pour faire l'avertissement ; et enfin, si dans le premier quart-d'heure, la garde de police ou un poste de sapeurs-pompiers n'est pas arrivé, le caporal doit chercher dans la foule un homme qui aille avertir à la caserne la plus rapprochée ou à l'état-major, et auquel il peut promettre un franc de commission, qui sera payé par l'officier ou l'adjudant de semaine.

52°. Lorsqu'un chef de poste, arrivant sur le lieu de l'incendie, y trouvera les hommes d'un autre poste, il devra se retirer de suite, à moins que le chef arrivé le premier ne réclame son aide.

Si les hommes arrivans avaient besoin de repos, ils ne devraient pas le prendre sur le lieu de l'incendie, mais seulement lorsqu'ils seront éloignés de la foule.

53°. Toutes les fois qu'une pompe aura été mise en manœuvre, l'établissement sera démonté, et le poste ne se retirera que sur l'ordre d'un officier du corps.

54°. Les renseignemens sur la nature du feu, etc., seront donnés par le chef qui sera arrivé le premier; les autres indiqueront seulement sur leur rapport, l'heure de leur départ, le lieu de l'incendie, l'heure de leur rentrée et s'ils ont participé à l'extinction du feu.

55°. Les rapports pour les incendies seront remis le matin à l'ordonnance envoyée par l'officier qui a été au feu. Ceux de feux de cheminées seront remis à l'officier de semaine, à la garde descendante.

La garde descendante ne doit quitter la tenue de feu que lorsque cette tenue a été prise par la garde montante.

Réflexions sur le corps des Sapeurs-Pompiers en France.

Tout ce que nous venons de dire précédemment ne peut s'appliquer qu'aux Sapeurs-Pompiers de Paris, parce que dans cette ville seulement le service est organisé militairement. Il serait à désirer pour la tranquillité et la sûreté de toutes les villes, que le service des incendies y fût organisé de la même manière; mais comme les dépenses seraient trop considérables, nous avons cherché à remédier le plus possible à l'inconvénient de n'avoir que des sapeurs-pompiers civils, et pour cela nous avons proposé l'organisation des sapeurs-pompiers en province comme il suit.

PROJET D'ORGANISATION

DE

SAPEURS-POMPIERS

DANS LES VILLES DE FRANCE.

Par M. le chevalier PAULIN, commandant le corps des Sapeurs-Pompiers de la ville de Paris, officier de la Légion-d'Honneur, ex-officier du Génie.

Avril 1832.

———

Les incendies et les conséquences qui en résultent, sont quelquefois si graves, qu'on ne saurait rechercher avec trop de soin les moyens de combattre un fléau redoutable partout, et principalement dans les grandes villes, et les villes manufacturières.

Les résultats d'un violent sinistre sont :

la destruction des propriétés, des manu-
factures et des édifices publics ; par suite,
la ruine des propriétaires et des assureurs,
les désordres dans les quartiers menacés ;
les vols commis dans les maisons où l'on
s'introduit sous prétexte de venir demander des secours, enfin quelquefois la mort
des hommes.

Il est donc de toute évidence qu'il serait utile d'établir dans chaque ville un
corps spécialement chargé de l'extinction
des incendies, et de donner à ce corps
une organisation particulière et relative
au service dont il doit être chargé.

Or, pour que le corps des Sapeurs-
Pompiers d'une ville puisse obtenir de
bons résultats, il est indispensable qu'il
agisse avec la plus grande célérité possible ; il ne s'agit pas en effet de se présenter sur les lieux menacés après que l'incendie a pris un tel degré d'intensité qu'il
ne reste plus qu'à faire la part du feu, et
à s'occuper de la conservation des pro-

priétés adjacentes ; car, dès ce moment,
il y a déjà ruine pour les propriétaires et
trouble dans le quartier où se trouve la
maison incendiée. Il faut arriver assez à
temps pour que tout incendie (à l'exception de ceux qui éclateraient dans un lieu
où se trouveraient réunies des matières
éminemment combustibles ; telles que des
fourrages, des huiles, des spiritueux, etc.,
et qui font des progrès si rapides qu'on
peut rarement les maîtriser) soit comprimé de suite et réduit à si peu de chose,
que le public n'ait plus à craindre qu'il se
propage.

On ne peut obtenir ce résultat qu'en
établissant des postes d'observation en
raison de l'étendue de la ville, afin que
l'incendie éclatant dans un quartier, on
puisse en quelques minutes faire arriver
des secours de l'un de ces postes.

Or, il n'est possible d'obtenir cette
promptitude dans le service des incendies
qu'en soldant les sapeurs-pompiers, et en

les obligeant dès-lors à ne jamais quitter les postes qui leur sont confiés.

A Paris, le corps des Sapeurs-Pompiers est purement militaire, et cela est indispensable pour obtenir promptement la réunion d'un assez grand nombre d'hommes au moment du danger; il serait nécessaire qu'il en fût de même dans les villes de provinces, ou que du moins l'organisation de ce corps se rapprochât le plus possible d'une organisation militaire.

L'objection qu'on présentera tout d'abord, c'est qu'il faudrait imposer les villes, pour subvenir aux dépenses qu'exigeraient l'entretien et l'instruction d'un corps permanent de Sapeurs-Pompiers dans chacune d'elles.

On répondra à cela que si la création de ces corps, comparée aux dépenses qui en résulteraient, présente de grands avantages, il n'y aura pas un conseil municipal, pas un habitant, qui ne consente à voter ces dépenses. C'est donc cette comparaison qui est la première chose à établir ; or, il est facile à chaque ville de se rendre compte du nombre de sinistres arrivés année commune, de voir quelles ont été les pertes éprouvées tant par les particuliers que par les assureurs ; de comparer ces pertes aux dépenses que nécessiteraient le matériel et le personnel d'un corps de Sapeurs-Pompiers, et de s'assurer par là, de quel côté pencherait la balance.

On pourrait objecter que, puisque jusqu'ici ce service s'est fait dans toutes les localités par les bourgeois, il est possible de continuer sur ce pied, et par conséquent d'éviter, pour les localités, une nouvelle dépense.

Nous répondrons que les secours donnés de bonne volonté et avec dévouement ne peuvent arriver que lentement parce que chaque bourgeois est à ses occupations ; que personne ne commande, que personne ne connaît ce métier, qui, com-

7

me tout autre à ses principes ; qu'enfin on voit tous les jours en province un feu qui n'eût été rien , devenir un incendie, parce que les secours n'ont été ni assez prompts ni assez efficaces.

Nous ferons observer d'ailleurs , que le corps chargé d'éteindre les incendies , agissant non-seulement dans l'intérêt des habitans, mais encore dans celui des assureurs, on pourrait exiger des compagnies d'assurance, une somme annuelle pour coopérer à l'entretien de ce corps ; en donnant aux Sapeurs-Pompiers une organisation militaire, les postes qu'ils occuperaient seraient encore utiles pour le maintien de l'ordre dans chaque ville.

En supposant donc qu'il fût reconnu convenable d'établir un corps de Sapeurs-Pompiers dans chaque ville, il faudrait pour que ce corps pût rendre tout le service qu'on doit en attendre, qu'il fût composé d'hommes ayant l'expérience du métier, ou du moins d'un noyau d'hommes déjà formés, et qui seraient instructeurs et sous-officiers dans ce corps.

Pour former promptement ce noyau, la capitale pourrait envoyer dans chaque ville de province quelques hommes bien exercés, et les villes enverraient à Paris, si toutefois elles le jugeaient nécessaire, quelques hommes adroits et intelligens, qui seraient bientôt au courant du métier, et de tout ce que l'on doit à la vieille expérience des Sapeurs-Pompiers de la capitale. Ces hommes seraient répartis dans les compagnies, et les villes qui les enverraient, paieraient à la caisse municipale de Paris les frais d'entretien des hommes, pendant le temps que durerait leur instruction (deux ans); cette dépense serait d'environ 600 francs par homme pour une année.

Frappé de la rapidité effrayante avec laquelle se succèdent les incendies dans toutes les provinces de la France; incendies qui ne dévorent pas une ou deux mai-

sons, mais des quartiers en entier , j'ai
pensé qu'il était de mon devoir d'éclairer
l'autorité sur les changemens et les améliorations à faire dans le service des Sapeurs-Pompiers de province.

Il est évident que ces déplorables événemens proviennent de ce que le feu une
fois allumé, soit par accident , soit par
malveillance, on ne peut obtenir assez
promptement des secours nécessaires pour
le maîtriser; de ce que le service des Sapeurs-Pompiers dans les provinces est tout
de bonne volonté, et que cela ne suffit
pas.

Pour que ce service soit bien fait , il
faut qu'il soit d'obligation absolue; il
faut que les Sapeurs-Pompiers soient toujours à leur poste, et punis sévèrement
lorsqu'ils manquent à leur service; or,
pour que cette sévérité puisse être exer-
cée , il est indispensable que les Sapeurs-
Pompiers soient soldés et de plus militaires, sans cela pas d'exactitude, partant

pas de promptitude, qui est la chose essentielle.

L'importance d'un service de pompiers
bien organisé, se fait tellement sentir en
ce moment, que déjà plusieurs personnes
qui ont une grande influence dans leurs
départemens, sont venues nous prier de
leur donner des détails sur la manière
dont notre service est organisé à Paris,
et que beaucoup de maires des villes de
province m'écrivent pour me demander
de leur faire l'envoi de pompes. Mais à
quoi serviront des pompes, si elles ne
peuvent être conduites sur le lieu de l'incendie au moment même où il éclate,
si l'on ne sait pas en tirer parti, si on
ne les entretient pas toujours en bon
état, etc.

Pour bien les employer efficacement,
il faut des hommes qui connaissent bien
le métier ; qui en fassent une étude spéciale, et une application journalière, par
des attaques simulées, enfin, il faut des

sapeurs-pompiers soldats qui aillent à la manœuvre de la pompe tous les jours pendant deux ou trois heures, à la théorie des attaques pendant autant de temps ; encore ne sauront-ils bien leur métier que dans deux ou trois ans, parce qu'il leur faut de l'expérience, qui ne s'acquiert qu'avec le temps et les occasions.

Une chose très importante, et dont on ne s'occupe pas en province, c'est l'entretien du matériel ; il faut que les pompes soient dans un lieu sain, qu'elles soient visitées tous les jours, et qu'elles soient réparées à chaque incendie. Le matériel, dans toutes les villes, doit être confectionné sur le même modèle, afin que les mêmes pièces puissent au besoin servir à d'autres pompes.

Pour se bien pénétrer des avantages obtenus par l'organisation militaire du corps des Sapeurs-Pompiers de la ville de Paris, il suffira de faire connaître le nombre d'incendies qui ont eu lieu dans cette ville depuis 1824 jusqu'en 1830 inclusivement.

D'après un relevé fait sur les registres du corps, on en compte 1,220, qui, par leur nature, pouvaient devenir très graves. Il y a eu en outre, dans le même intervalle, 6,827 feux de cheminée, ou petits feux. Sur ce nombre, onze seulement ont eu des suites déplorables, parce que les bâtimens et les objets qu'ils renfermaient étaient éminemment combustibles, et que quelques minutes avaient suffi pour les dévorer, en sorte que tout secours devenait impossible; les autres ont été maîtrisés parce que les secours ont été portés promptement et avec intelligence.

Nous donnerons un exemple frappant de ce que peuvent la promptitude et la bonne direction des premiers secours, en rapportant un fait qui s'est passé le 20 mars 1832, rue Chabrol, n° 24.

Le feu prend dans une ferme de nourrisseur F, pendant la nuit et par un vent

ssez violent, le point A est celui où se
manifeste le feu, E, B, A, C, D sont des
magasins à fourrages de cent cinquante
pieds de longueur ; au-dessous sont des
écuries où se trouvaient des bestiaux.

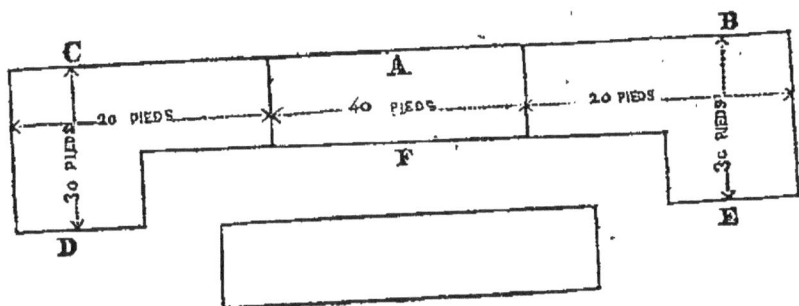

Les pompiers, prévenus à temps, arrivent au pas de course, s'établissent et at-
taquent si bien le feu, que la partie du
grenier A, de 40 pieds de longueur, brûle
seule et que tout le reste est sauvé, même
l'écurie située au-dessous de A, et tous
les bestiaux qu'elle renfermait.

Certes, si les sapeurs-pompiers fussent
arrivés cinq minutes plus tard, si les se-

cours qu'ils avaient conduits n'eussent pas
été dirigés avec habileté, les greniers, les
écuries de la vacherie eussent été la proie
des flammes, et il n'eût probablement
pas été possible de préserver du feu les
maisons voisines à cause de la force du
vent; un pareil résultat n'eut sûrement pu
être obtenu avec des sapeurs-pompiers
civils.

Nous regardons donc comme incontes-
table, ce que nous avons avancé sur la nécessité d'organiser un corps de Sapeurs-
Pompiers militaires, dans toutes les villes
de France, et nous ne reviendrons plus
sur cette question résolue définitivement
pour tous les hommes qui ont été à portée
de voir comment se font, en général, les
services qui ne sont que de bonne volonté.

Passons aux détails relatifs à l'organisation et à l'instruction des corps de Sapeurs-Pompiers dans les villes, et à la dépense qu'exigerait l'établissement de ces
corps.

L'instruction des Sapeurs - Pompiers consiste :

1°. Dans la manœuvre proprement dite de la pompe ;

2°. Dans les exercices des attaques simulées, afin d'apprendre à attaquer un incendie suivant les localités, de manière à s'en rendre maître le plus promptement possible ;

3°. A faire tous les exercices gymnastiques propres à faciliter l'arrivée des secours aux parties les plus élevées d'un bâtiment enflammé, lorsque le feu a déjà envahi les escaliers et qu'on ne peut pénétrer dans l'intérieur du bâtiment que par les croisées, soit au moyen de perches, de cordes lisses, d'échelles à crochets, d'échelles de corde, etc.

Un feu peut être dans un comble, dans un étage, dans un rez-de-chaussée, dans une cave, etc.; les dispositions à prendre dans chacun de ces cas sont différentes, et il est indispensable de les bien connaître. On peut avoir à sauver des personnes, et il faut par conséquent savoir se servir du sac de sauvetage.

Le Manuel du corps des Sapeurs-Pompiers de Paris, donne tous les détails des manœuvres de la pompe, et la manière dont les feux de diverse nature doivent être attaqués.

Le conseil d'officiers, réuni sous la présidence du commandant du corps, a rédigé, en 1831, une instruction sur la manière dont le service doit être organisé, pour que les avertissemens et les départs aient lieu avec ordre et le plus promptement possible; cette instruction serait envoyée dans les villes. Les observations auxquelles elle pourrait donner lieu, seraient utiles au corps des Sapeurs-Pompiers de Paris qui s'empressait de faire les changemens dont l'expérience aurait démontré l'utilité.

Afin de donner un aperçu de la dépense qu'exigerait l'organisation de corps de sa-

peurs-pompiers permanent dans chaque
ville, nous avons joint à cette note un état
approximatif du personnel de ces corps,
pour quelques villes. Cet état a été dressé
d'après la superficie et la population des
villes, comparées à celle de Paris ; ces
données suffiront pour que chaque grande
cité puisse calculer à peu près le nombre
d'hommes dont elle aurait besoin, ainsi
que la dépense qu'exigerait leur solde
et leur entretien.

L'étendue et la population des villes,
sont évidemment les deux principaux élé-
mens qui doivent servir à déterminer le
nombre des postes nécessaires à établir
dans chaque ville ; ces postes doivent être
distribués de manière que les secours puissent dans quelques minutes être portés
dans les points intermédiaires ; le nombre
d'hommes de chaque poste doit être fixé
en raison du plus ou moins d'agglomération de la population. En prenant pour
terme de comparaison le nombre de pos-

tes qui desservent la capitale, dont la surface est d'environ 42 millions de mètres carrés, on mettrait dans chaque ville un poste pour une surface de 1,300,000 mètres carrés; Bordeaux aurait six postes; Rouen six; Lyon cinq; Marseille quatre; Caen trois; Toulouse trois; le Hâvre un poste, etc.

A Paris chaque poste est composé d'un caporal et deux sapeurs-pompiers; la garde à Bordeaux serait de dix-huit hommes; à Rouen dix-huit; à Lyon quinze; à Marseille douze; à Caen neuf; à Toulouse neuf; au Hâvre trois hommes, etc.

La prudence exige qu'une garde de sapeurs-pompiers soit établie dans chaque théâtre; cette garde est composée au moins d'un caporal et deux sapeurs; les villes de Lyon et de Bordeaux ayant deux théâtres, et les autres un seul, le nombre d'hommes de garde pour la ville et les théâtres serait, à Bordeaux, vingt-quatre; à Rouen vingt-un; à Lyon vingt-un; à

Marseille quinze; à Caen douze; à Toulouse douze; au Hâvre six, etc.

D'après les réglemens militaires, un
homme ne doit monter la garde que tous
les trois jours, et il est d'expérience que
l'effectif d'une troupe doit être augmenté
d'un vingtième, pour réparer les pertes
que fait cet effectif, par les hommes malades, en permission, etc.

D'après ces considérations, le nombre
de caporaux et soldats du corps des sapeurs-pompiers serait à Bordeaux de
soixante-seize hommes; à Rouen soixante-
six; à Lyon soixante-six; à Marseille qua-
rante-sept; à Caen trente-huit; au Hâvre
dix-neuf, etc.

Mais à Lyon la population est de 29
habitans par mille mètres carrés, et à
Marseille de vingt-cinq par mille mètres;
tandis qu'à Paris elle n'est que de vingt-un
habitans pour la même surface. Le service tel que nous venons de l'établir, en
ne considérant que les surfaces des villes,

serait trop fatigant ; en le déterminant d'après le rapport des populations à celle de la capitale, on trouve qu'à Lyon il faudrait cent-dix sapeurs-pompiers, et à Marseille soixante-seize.

D'après la nature du service des sapeurs-pompiers, il faut un caporal sur trois hommes ; un sergent pour vingt hommes ; un officier pour quarante. Il faut un sergent-major par compagnie : ce sergent-major peut remplir les fonctions de fourrier, si la compagnie n'est pas forte.

D'après ces considérations, nous avons dressé le tableau suivant pour la composition des compagnies.

VILLES.	Capitaines.	Lieutenans.	S.-lieutenans.	Sergens-majors.	Sergens et fourriers.	Caporaux.	Sapeurs.	Tambours.	Total.
Lyòn................	1	1	1	1	6	36	74	2	122
Marseille.............	1	1	"	1	4	25	51	1	84
Bordeaux.............	1	1	"	1	4	25	51	1	84
Rouen................	1	1	"	1	3	22	44	1	73
Toulouse.............	"	1	"	1	2	12	26	1	43
Caen................	"	1	"	1	2	12	26	1	43
Hàvre (le).............	"	1	"	1	1	6	13	1	23

Pour évaluer la dépense que chaque ville aurait à faire, pour entretenir un corps de Sapeurs-Pompiers, il est naturel de prendre le tarif des troupes du Génie, pour la solde, les masses d'entretien, de boulangerie, de chauffage et d'hôpital.

GRADES.	Solde par jour.	MASSES				Dépense par jour.	Dépense par an.
		d'entre-tien.	de bou-langerie.	de chauf-fage.	d'hôpi-tal.		
	f. c.	f. c.	f. c.	f. c.	f. c.	f. c.	f. c.
Capitaine..............	" "	" "	" "	" "	" "	" "	2,500 00
Lieutenant.............	" "	" "	" "	" "	" "	" "	1,500 00
Sous-lieutenant,.........	" "	" "	" "	" "	" "	" "	1,300 00
Sergent-major.........	1 49	0 40	0 20	0 14	0 03	2 26	824 90
Sergent et fourrier........	1 03	0 40	0 20	0 14	0 03	1 80	657 00
Caporal..............	0 76	0 40	0 20	0 07	0 03	1 46	532 90
Sapeur...............	0 53	0 40	0 20	0 07	0 03	1 23	448 95
Tambour..............	0 51	0 40	0 20	0 07	0 03	1 21	441 65

En faisant l'application de ce tarif aux
compagnies déterminées ci-dessus, pour
les différentes villes, la dépense en personnel serait pour :

Lyon..............	63,356^f 90^c
Marseille.........	44,113 50
Bordeaux........	44,113 50
Rouen...........	38,715 15
Toulouse........	21,706 40
Caen...........	21,706 40
Hâvre..........	12,457 30

Comme il faut une pompe et un tonneau dans chaque poste, plus une réserve
pour les grands incendies, il faut ajouter
aux dépenses ci-dessus, celles du matériel
consistant en achats de pompes, tonneaux, agrès, etc., loyer de bâtimens pour
casernes et postes, éclairage, literie, frais
d'administration, etc.; toutes ces dépenses peuvent être évaluées à 180 francs par
homme, comme à Paris. Ainsi la dépense
totale pour les villes, serait :

VILLES.	Personnel.	Matériel.	Total.
	f. c.	f. c.	f. c.
Lyon.........	63,356,90	21,960,00	85,316,90
Marseille.....	44,113,50	15,120,00	59,233,50
Bordeaux.....	44,113,50	15,120,00	59,233,50
Rouen	38,715,15	13,140,00	51,855,15
Toulouse.....	21,706,40	7,740,00	29,446,40
Caen.........	21,706,40	7,740,00	29,446,40
Hâvre (le)	12,457,30	4,140,00	16,597,30

- Si cette dépense paraissait trop forte, on pourrait ne payer que les hommes de service, en leur infligeant une punition sévère lorsqu'ils abandonneraient leurs postes : on pourrait aussi pour rendre plus facile un rassemblement en cas de besoin, les forcer à loger dans le même quartier; mais nous persistons à croire qu'une organisation militaire serait infiniment meilleure.

Cherchons en effet quelle serait la dépense à faire en supposant qu'on ne payât que les hommes de service chaque jour; comparons-la à celle qui résulterait du paiement de tout le corps organisé militairement, et voyons si l'économie qui en résulterait pourrait être mise en parallèle avec la différence qu'on trouverait dans l'efficacité du service dans ces deux cas.

En ne payant que les hommes de service chaque jour, il faut néanmoins conserver toujours la solde des officiers, du sergent-major et du tambour; donner aux sergens, caporaux et soldats de service, une plus forte paie, et porter cette paie à la valeur d'une journée de travail de leur état, plus une nuit, ainsi pour Lyon, par exemple, on aurait à payer :

ɪ capitaine............	6f 80c
ɪ lieutenant..........	4 50
ɪ sous-lieutenant.....	3 60
ɪ sergent-major......	2 26
ɪ sergent...........	5 00
5 caporaux..........	20 00
10 sapeurs......	30 00
ɪ tambour..........	ɪ 2ɪ
Total...........	73 37 pour un jour.

Donc, pour un an, le personnel coûterait.................................. 26,780f 05c

Il faut en outre, pour que le corps ait une bonne tenue, donner à chaque homme un casque tous les dix ans; et tous les trois ans un habit, une veste, une capote, deux pantalons de drap et un bonnet de police, ce qui fait une dépense totale par an de............. 7,000 00

Total............... 33,780 05

Or, nous avons vu que la dépense du corps, organisé militairement, pour le personnel, serait de................ 63,356 90

Différence........... 29,575 85

Le matériel restant le même dans les deux cas, il y aurait donc pour Lyon une différence de 29,575 fr. 85 c., somme qui

pour une ville d'une aussi grande étendue
et où l'industrie emploie des capitaux
immenses, ne peut être mise en balance
avec les avantages que présente un service
militaire comparé avec un service qui ne
l'est pas.

Les calculs que nous venons d'établir
ne pourraient être applicables qu'aux villes de 20,000 âmes et au-dessus; nous
voyons qu'ils donnent environ un sapeur-
pompier pour 1,500 habitans; si l'on ap-
pliquait cette base à une ville de 3,000
âmes, par exemple, on n'aurait que deux
sapeurs-pompiers, nombre évidemment
insuffisant pour manœuvrer une pompe.

Comme il est à désirer que les petites
villes puissent avoir aussi des sapeurs-
pompiers, nous pensons qu'on pourrait
déterminer le nombre d'hommes à mettre
dans chaque ville au-dessous de 20,000
âmes, sans avoir égard aux superficies.

Pour connaître la composition numé-
rique des corps de sapeurs-pompiers né-

cessaires à chaque ville, nous avons établi une base pour les plus petites localités, et nous en avons déduit le nombre d'hommes à placer dans celles qui sont plus étendues.

Le nombre d'hommes à mettre dans chaque localité ne pouvant pas être exactement en proportion avec les populations, nous avons établi les séries suivantes :

1re série. Villes de 1,500 âmes et au-dessous, jusqu'à 3,500.

2^e	id.	id.	de 3,500	id.	à	5,000
3e,	id.	id.	de 5,000	id.	à	6,500
4^e	id.	id.	de 6,500	id.	à	12,500
5^e	id.	id.	de 12,500	id.	à	29,000
6^e	id.	id.	de 20,000	id.	à	31,000
7^e	id.	id.	de 31,000	id.,	et au-dessus.	

Dans une ville de 1,500 habitans et au-dessous, il peut se déclarer un incendie assez considérable pour qu'il soit nécessaire de mettre deux pompes en manœuvre; et, comme deux hommes du métier, au moins, sont nécessaires pour une pompe, il faudra cinq hommes y compris un chef.

Pour une population de 3,500 âmes à 5,000 il faudra six hommes, y compris un chef.

Pour celle de 6,500 à 12,500 âmes, il faudra neuf hommes, y compris un chef.

Pour celle de 12,500 à 20,000 âmes, il faudra quinze hommes.

Enfin, au-dessus de 20,000 âmes, le service devenant plus considérable, et, exigeant plusieurs postes, on l'établira comme nous l'avons indiqué ci-dessus, d'après la population et la superficie des villes.

Les tableaux joints à cette note feront connaître quelle doit être la composition du personnel et du matériel dans toutes les villes de 1,500 âmes et au-dessus, et ce qu'il en coûterait pour solder le service.

Il est à remarquer que beaucoup de villes ont déjà un matériel, et que par conséquent la dépense sera à diminuer d'autant.

La difficulté d'établir dans toutes les petites villes un corps de sapeurs-pompiers permanens, résultera du peu de revenu de ces villes : pour lever cette difficulté, nous pensons que le Gouvernement devrait se charger de l'organisation générale de ces corps, sauf à faire contribuer chaque ville pour une somme en rapport avec ses revenus, et à subvenir au surplus de la dépense; les grandes villes pouvant se suffire, les petites seules auraient besoin de ce secours.

Le Gouvernement pourra accueillir favorablement l'organisation projetée, s'il considère qu'on dépense annuellement des sommes considérables pour indemniser les villes des pertes occasionées par les incendies qui auraient pu, en partie, être étouffés avec des secours prompts et bien dirigés; que ces indemnités toutes fortes qu'elles sont, ne représentent qu'une faible partie des dommages causés aux particuliers, et que ces événemens paralysent souvent pendant plusieurs années l'industrie des villes incendiées.

Le moyen d'organiser facilement les

corps de sapeurs-pompiers permanens des
villes, serait de créer dans chaque département une compagnie qui enverrait
des détachemens dans les villes de son
ressort, et dont la composition numéri-
que varierait en raison du nombre de
villes que renfermerait le département et
de l'importance de ces villes; les détachemens seraient inspectés, pour l'instruction, la tenue du matériel, etc., par les
officiers de la compagnie qui résideraient
dans les principales villes du département.

De temps à autre le Gouvernement
pourrait ordonner une inspection générale, par un chef supérieur, pour être
assuré que le service se fait avec toute la
régularité et la ponctualité nécessaires.

Le projet dont il s'agit n'exclut nulle-
ment du service, les compagnies de sapeurs-pompiers civils, attendu que le
nombre des sapeurs-pompiers militaires
pour chaque ville, serait fort petit; que
ces derniers ne seraient institués que pour

arriver sur le lieu de l'incendie aussitôt qu'il se déclarerait, afin de donner les premiers secours et maîtriser le feu en attendant que les sapeurs civils pussent arriver.

Les sapeurs-pompiers militaires seraient instructeurs et gradés, si on le jugeait convenable, dans la compagnie des sapeurs civils. Ils feraient la reconnaissance des lieux incendiés, disposeraient les pompes, tiendraient la lance et seraient, en général, chargés de toutes les parties périlleuses du service. Les sapeurs civils conduiraient les tonneaux, manœuvreraient les leviers, feraient la chaîne, etc.; par cette combinaison, on aurait, aussitôt qu'un incendie se manifesterait, tous les secours nécessaires pour le combattre.

Nous allons donner des exemples qui vont servir à déterminer de suite, pour chaque ville, quelle devrait être la dépense en personnel et matériel, suivant la catégorie dans laquelle elle se trouve placée par suite de sa population :

DÉPENSES — NATURE — NOMBRES

Numéros des séries		Chef de bataillon ou lieutenant-colonel	Capitaines	S-lieutenants	Sergent-major	Sergents et fourriers	Caporaux	Appointés	Sapeurs	Tambours	Pompes	Tonneaux	Cordages	Haches	Échelles à crochets	Clés à démonter	Sac de sauvetage	Seaux à incendie	Torches	Demi-garnitures	Pour le personnel	Pour premier établissement du matériel
1	Villes de 1,500 à 3,500..........	"	"	"	"	"	1	"	4	"	2	1	2	2	2	2	1	100	6	3	2,328 70	3,433 "
2	Id. de 3,500 à 5,000..........	"	"	"	"	"	1	1	4	"	2	1	2	2	2	2	1	100	6	3	2,825 10	3,433 "
3	Id. de 5,000 à 6,500..........	"	"	"	"	"	1	2	4	"	2	1	2	2	2	2	1	100	6	3	3,321 50	3,433 "
4	Id. de 6,500 à 12,500..........	"	"	"	"	1	3	3	6	1	3	2	3	3	4	2	1	150	9	4	4,380 "	4,990 "
5	Id. de 12,500 à 20,000..........	"	"	1	"	2	6	6	10	1	4	2	4	4	5	2	2	200	12	6	7,205 10	6,896 "
6	Id. de 20,000 à 31,000..........	"	"	2	1	3	6	6	12	1	5	2	5	5	5	2	2	250	15	8	11,753 60	8,388 51
7	Id. de 31,000 et au-dessus, ou qui, par leur étendue et les richesses qu'elles renferment, doivent avoir un service plus complet, telles que :																					
8	Havre (le)........ 12,457..........	"	"	"	"	1	6	6	12	1	5	2	5	5	5	2	2	250	15	8	11,753 60	8,388 50
9	Caen............. 21,706..........	"	"	"	"	2	6	6	26	1	5	2	5	6	5	2	2	250	15	8	23,283 80	8,388 50
10	Toulouse......... 21,800..........	"	"	"	"	3	13	13	32	1	5	2	5	6	6	4	2	300	24	9	25,977 50	9,620 "
11	Rouen............ 38,715..........	"	"	"	1	4	13	13	44	2	6	3	5	7	7	4	2	350	24	9	38,864 80	17,356 "
12	Marseille........ 44,000..........	"	1	1	1	4	18	18	51	2	7	3	5	7	7	4	2	350	24	9	44,220 65	11,356 "
13	Bordeaux......... 44,113..........	"	1	1	1	6	18	18	74	2	7	3	5	7	7	4	2	350	24	9	44,809 40	11,356 "
14	Lyon............. 63,356..........	"	1	2	1	6	18	18	74	2	7	3	5	7	7	4	2	350	24	9	65,809 40	13,356 "
15	Paris............ 800,000..........	1	4	7	5	24	144	144	436	8	78	46	"	"	"	"	"	"	"	"	354,482 85	90,940 "*

*Pour frais d'administration et entretien du matériel seulement.

NATURE des objets qui doivent composer le matériel de incendie pour chaque catégorie.

NOMBRES d'officiers, sous-officiers, caporaux et sapeurs-pompiers nécessaires pour chaque catégorie.

TARIF DU MATÉRIEL DES INCENDIES.

Matériel compris dans la première colonne du tableau ci-dessus, et sous la désignation de pompe.
- Pompe à incendie (modèle de Paris)............ 803f 50c
- Chariot de pompe............................ 180 "
- Lance en cuivre............................. 22 "
- 2 tamis d'osier............................. 4 "   } 1,058f 50c
- 2 leviers de manœuvre....................... 5 "
- 1 boudin garni de ses deux vis.............. 14 "
- 1 sac de toile cirée, pour contenir 15 seaux.... 5 "
- 1 couverture de pompe en toile imperméable.. 25 "

- Tonneau à incendie (modèle de Paris)......... 353f nc
- Cordage..................................... 12 "
- Hache....................................... 10 "
- Échelle à crochet........................... 40 "
- 2 clés à démonter les pompes................ 10 "
- Sac de sauvetage............................ 120 "
- Seau à incendie, en toile à voile........... 2 75
- Torches..................................... 1 50
- Demi-garniture de 50 pieds de longueur...... 135. "

TARIF DE LA SOLDE ET DES MASSES.

GRADES.	Solde par jour.	MASSES				Dépense par jour.	Dépense par an.
		d'entretien.	de bon-langerie.	de chauffage.	d'hôpital.		
Capitaine.........	"	"	"	"	"	"	2,500f nc
Lieutenant........	"	"	"	"	"	"	1,500 "
Sous-lieutenant...	"	"	"	"	"	"	1,300 "
Sergent-major.....	1f 49c	0f 40c	0f 20c	0f 14c	0f 03c	2f 26c	824 90
Sergent...........	1 03	0 40	0 20	0 14	0 03	1 80	657 "
Caporal...........	0 76	0 40	0 20	0 07	0 03	1 46	532 90
Appointé..........	0 66	0 40	0 20	0 07	0 03	1 36	496 40
Tambour...........	0 66	0 40	0 20	0 07	0 03	1 36	496 40
Sapeur............	0 53	0 40	0 20	0 07	0 03	1 23	448 95

Composition du corps des Sapeurs-Pompiers à Paris.

Le corps des Sapeurs - Pompiers est composé de 623 sous-officiers, caporaux et soldats, de 5 capitaines, 4 lieutenans, 5 sous-lieutenans, 1 trésorier, 2 chirurgiens et 2 adjudans.

Ces 623 hommes sont divisés en 4 compagnies placées aux quatre points cardinaux de la capitale ; il y a dans Paris 37 postes de villes, y compris les postes des quatre casernes et celui de l'état-major, plus ceux de 15 théâtres. Les postes de ville sont munis d'une pompe armée et d'un tonneau. Ceux des casernes ont 7 et 8 pompes, et l'état-major en a autant.

Chaque poste est composé de 3 hommes, nécessaires pour traîner une pompe munie de tous ses agrès, et pour la mettre en manœuvre en prenant des bourgeois pour travailleurs.

Lorsqu'un grand feu se déclare pendant la nuit, et qu'il se fait un départ d'une caserne, un coup de sonnette indique le départ, et tous les hommes commandés dès la veille se rendent dans la cour à leur poste.

Un appareil de sonnette est nécessaire dans chaque caserne. Le corps a journellement 210 hommes de service de vingt-quatre heures.

Lorsqu'un avertissement pour le feu est fait, le poste auquel on s'est adressé part avec sa pompe, se transporte sur le lieu de l'incendie, fait tout de suite prévenir à la caserne la plus voisine, et établit.

Pour que cette pompe puisse être ainsi traînée par 3 hommes, il faut qu'elle soit placée sur un charriot.

Il entre donc dans la pompe à incendie deux parties bien distinctes :

1°. Un chariot de pompe pour placer la pompe et la transporter ;

2°. La pompe proprement dite, armée

de tous les agrès nécessaires pour attaquer un feu quelconque et pour sauver les
personnes par les croisées si les escaliers
n'étaient plus praticables. Il faut donc,
avant de donner la manière de se servir
de la pompe, faire connaître toutes les
parties qui composent le chariot et la
pompe, et ce à quoi chacune de ces parties est destinée, afin que les hommes
puissent facilement remonter la pompe
après l'avoir démontée, et connaissent
ensuite le mécanisme de la machine
qu'ils sont appelés à manœuvrer journellement.

Pompes à train.

Dans plusieurs pays, en Russie, en
Allemagne, en Angleterre, on se sert de
pompes à train, attelées de chevaux ; on
paie une prime à celle des pompes qui arrive la première, une prime moins forte à
celle qui arrive la seconde, etc., et l'on in-

flige une amende à celles qui arrivent les
dernières. Certainement ce moyen est
excellent pour faire arriver promptement
les secours et stimuler le zèle ; mais il a
l'inconvénient d'être fort dispendieux et
de ne pouvoir être applicable dans toutes
les localités. En effet, dans les grandes
villes, où il y a beaucoup de postes à
établir, il faudrait autant de chevaux que
de postes, le même nombre d'hommes
pour manœuvrer la pompe, et un homme
en sus pour garder le cheval et le train
pendant qu'on manœuvrerait, ou pour
le conduire à l'écurie si la manœuvre devait durer long-temps ; sans compter tous
les accessoires de harnachement, nour-
riture, achat et remplacement de chevaux.

Il est vrai qu'on fatiguerait moins les
hommes ; mais on pourrait arriver au
même but en augmentant le nombre
d'hommes au moyen de la somme destinée à avoir des chevaux et à les nourrir.

Le plus grand inconvénient serait de laisser des chevaux attelés toute la nuit, ce qui pourtant serait indispensable, sans quoi on mettrait huit ou dix minutes avant de partir ; on les fatiguerait donc énormément, et l'on aurait souvent à les remplacer.

On ne pourrait faire ce service dans Paris et les autres villes de France, parce que beaucoup de rues sont trop étroites, et qu'on ne pourrait tourner facilement ; que ces pompes, naturellement plus volumineuses, ne pourraient être transportées dans toutes les allées, et même dans les escaliers, lorsque cela est nécessaire ; on ne pourrait approcher avec les chevaux qu'à une certaine distance du lieu de l'incendie, sans quoi on occasionerait un grand encombrement.

Avec des hommes, au contraire, qui sont couchés habillés sur leur lit de camp, en une minute, et moins, le départ est effectué, et la pompe arrive, quelle que soit l'exiguité du passage. D'après tous ces motifs, je regarde le mode en usage à Paris, pour conduire les pompes à l'incendie, comme le meilleur de ceux employés jusqu'à ce jour.

Depuis quelques années, beaucoup de fabricans de pompes sont venus m'engager à changer le système actuel, et m'ont offert de nouveaux modèles, qui, disaient-ils, fonctionnaient avec plus de vélocité, et lançaient le jet avec plus de force et l'eau en plus grande quantité.

J'ai examiné ces pompes, que j'ai trouvées bonnes, fonctionnant facilement, peut-être meilleures que celles dont nous nous servons, mais ne pouvant être adoptées pour notre service.

En effet, il faut que la pompe qui doit être affectée au corps des Sapeurs-Pompiers de Paris, tel qu'il est organisé actuellement, satisfasse à plusieurs conditions indispensables :

1°. Qu'elle ne pèse, avec ses agrès et le

chariot, qu'un poids déterminé pour pouvoir être transportée sur le lieu de l'incendie par les 3 hommes qui composent un poste ;

2°. Qu'elle n'ait que le volume nécessaire pour passer dans toutes les rues ; qu'elle puisse y être manœuvrée facilement, et être transportée dans toutes les entrées et les escaliers même, afin de diminuer la longueur de boyaux à développer lorsque le feu est dans un étage élevé, et de conserver au jet toute sa force ;

3°. Qu'elle porte son jet à une distance de 60 à 80 pieds, et qu'elle ait une longueur de levier déterminée pour que six hommes puissent la manœuvrer ;

4°. Enfin qu'elle ne coûte qu'une somme déterminée, attendu que le budget est fixé pour le matériel et le personnel, et que le nombre de pompes est lui-même fixé par le nombre de postes existans, et les réserves qui sont nécessaires.

Or, je n'ai trouvé jusqu'ici que la

pompe dont on se sert actuellement qui remplisse toutes ces conditions ; elle est en même temps simple, commode, peut être démontée et remontée par un sapeur quelconque, et réparée par un ouvrier peu habile.

On trouvera cette pompe chez M. Guérin, ancien adjudant-major du corps des Sapeurs-Pompiers, qui a un atelier considérable, et s'est occupé, depuis quelque temps, avec succès, de quelques changemens utiles ; c'est ce fabricant qui fournit au corps les pompes dont il a besoin.

NOMENCLATURE

de la pompe à incendie, donnant la manière de la démonter et de la remonter.

DU CHARIOT.

Le chariot se compose ainsi qu'il suit :

Deux roues, un essieu, deux échantignolles, deux flasques, quatre entretoises, un tablier, une flèche, une traverse de flèche, un heurtoir, une barre d'arrêt, un coffret.

De la roue.—Une roue se compose :

1°. D'un moyeu en bois percé d'outre en outre pour le passage de l'essieu, et entouré de quatre cercles en fer destinés à empêcher les fentes de s'ouvrir;

2°. D'une boîte en cuivre ou en fer tourné, qui se place dans le trou du

moyeu, afin d'empêcher ce trou de s'é-
largir, ce qui occasionerait des secousses
dans la marche ;

3°. De rais enchâssés dans le moyeu
(ces rais sont des morceaux de bois qui
vont du moyeu à la circonférence de la
roue);

4°. De jantes (ces jantes sont des morceaux de bois qui forment la circonférence
de la roue, et qui reçoivent l'extrémité
des rais);

5°. D'un cercle en fer qui entoure les
jantes, sur lesquelles il est fixé au moyen
de boulons à écrous (1).

De l'essieu. — L'essieu est une pièce
de fer carrée, arrondie seulement aux
extrémités et dans la longueur qui traverse le moyeu ; cette dernière partie s'appelle fusée; elle est percée d'un œil à
chaque extrémité, pour recevoir une cla-

_____

(1) Au lieu de cercle quelques roues sont garnies
de bandes.

vette qui empêche l'essieu de sortir des moyeux.

Il y a, entre la clavette et le moyeu, une rondelle pour empêcher le frottement.

Des échantignolles. — Les échantignolles sont deux morceaux de bois entaillés pour laisser passer l'essieu et le maintenir dans sa position; il y a, au-dessous de l'échantignolle, une bande de fer pour empêcher l'essieu de sortir de son encastrement; cette bande, ou embrasse, est fixée avec l'échantignolle et le flasque, au moyen de boulons à écrous.

De la caisse du chariot. — La caisse du chariot se compose de deux flasques ou madriers placés sur les côtés, et posés sur champ; ils sont réunis par quatre entretoises; sur ces entretoises repose le tablier du chariot, composé de plusieurs planches fixées aux entretoises par des clous à boulons.

Sur l'avant est la flèche, qui est fixée à

la caisse du chariot par deux boulons pris dans les deux premières entretoises. La tête de la flèche est renflée et percée d'un trou pour recevoir la traverse sur laquelle on s'appuie pour traîner la pompe. La tête de la flèche est garnie d'une coiffe en fer pour la garantir lorsqu'on met flèche à terre ; vers le milieu de la flèche se trouve un crochet pour attacher la chaîne de l'avant au moment où l'on charge la pompe.

A la naissance de la flèche se trouve le heurtoir, qui sert à empêcher la pompe de glisser lorsqu'on met flèche à terre.

Le talon du heurtoir est garni d'une bande en fer recourbée, pour empêcher la pompe de sauter sur le chariot dans les cahots ; il y a sur le heurtoir un crochet pour attacher l'extrémité de la chaîne, plus une des courroies en cuir destinée à attacher la hache ; la seconde courroie est attachée sous le chariot.

A l'arrière, sur le flasque droit, se

trouve une patte à crochet, à laquelle est fixée la barre d'arrêt; sur le même flasque une patte à tige, dans laquelle on fait entrer la barre d'arrêt quand on veut mettre la pompe à terre, et sur le flasque gauche une patte à piton percée pour recévoir une clavette, afin de fixer la barre d'arrêt; la barre d'arrêt est percée dans son milieu par un trou rond pour recevoir le pivot d'arrêt du patin.

Au-dessous de l'arrière du chariot est un petit coffret qui renferme :

1°. Une tricoise pour serrer les raccords et démonter les écrous de l'entablement;

2°. Une clé triple pour ouvrir les couvercles des bornes-fontaines et des poteaux d'arrosement;

3°. Une clé de bornes-fontaines pour tourner les carrés des robinets et démonter les masques de fonte qui cachent des pas de vis sur lesquels on pourrait monter des boyaux à incendie;

4°. Un boulon de rechange et un écrou

de rechange pour remplacer celui de l'échelle à crochets;

5°. Une commande, ou petit cordage garni d'un porte-mousqueton destiné à monter aux étages des maisons incendiées, soit le sac, soit des outils, des seaux, etc.;

6°. Deux mâchoires pour placer autour des boyaux où des fuites d'eau se manifesteraient, afin d'arrêter ces fuites.

Il a été fait des changemens au chariot en usage, afin de le rendre plus solide et plus léger.

Ces changemens consistent dans le remplacement des entretoises par des boulons à épaulement et à écrous, et dans la suppression du tablier.

DE LA POMPE.

La pompe se compose ainsi qu'il suit :

Le patin, la bâche, la plate-forme, les corps de pompe, la caisse d'entourage, l'entablement, le balancier, les pistons.

Du patin. — Le patin se compose ainsi qu'il suit :

Deux semelles, deux entretoises, un tablier.

Des semelles. — Les semelles sont deux pièces de bois de 3 pouces d'équarrissage à peu près, arrondies par les bouts, afin de faciliter la manœuvre de la pompe, soit sur le terrain, soit dans les escaliers, lorsqu'on doit monter la pompe dans une maison; elles sont, pour la plupart, garnies aux parties arrondies par des bandes de fer, afin d'éviter qu'elles s'usent par le frottement.

Des entretoises. — Les entretoises servent à joindre les semelles et à empêcher leur écartement; elles sont recouvertes par deux bandes en fer.

Du tablier. — Le tablier est fixé sur les semelles par quatre boulons à écrous, dont deux font partie des pitons à écrous de l'arrière.

Sur l'avant est une patte à crochet à laquelle s'attache la chaîne de manœuvre; sur les deux côtés de l'avant, et aux an-

gles, sont deux poignées en fer servant à
la manœuvre de la pompe ; elles sont
fixées au moyen de boulons à écrous qui
traversent les semelles et consolident le
système. .

Sur le côté gauche se trouve une boîte
en cuivre pour recevoir la pièce à deux
vis.

On trouve ensuite au milieu quatre
longs boulons à écrous qui correspondent
aux entretoises et sont rivés sur elles dans
la partie inférieure. La partie supérieure
de ces boulons est à vis ; ils ont la longueur nécessaire pour traverser l'entablement. Aux deux boulons de l'avant sont
attachés quatre courroies, dont deux garnies de boucles ; ces courroies servent à
maintenir les quinze seaux renfermés dans
un sac en toile imperméable.

A l'arrière, on trouve deux poignées
aux angles, servant à soulever la pompe,
et consolidant le système comme celles de
l'avant. Deux pitons à écrous pour atta-

cher les chaînes de manœuvre , et enfin une plate-bande sur laquelle est rivé le pivot d'arrêt du patin.

De la bâche. — La bâche est une bassine en cuivre battu servant à contenir l'eau que doit lancer la pompe ; elle est évasée par le haut ; elle a un fond et quatre faces ; les angles sont arrondis ; dans la partie supérieure se trouve un cordon formé par une tringle en fer, sur laquelle est roulé le cuivre, afin de lui donner de la solidité.

Sur la face gauche et à la partie inférieure est percé un trou circulaire pour le tuyau de sortie du récipient.

La bâche contient environ 184 litres d'eau, mais il en reste 44 litres, soit dans les cylindres et le récipient, soit en-dessous des trous des culasses. La pompe ne débite donc que 140 litres d'eau des 184 mis dans la bâche ; ce débit a lieu en 38 secondes ; en sorte qu'une pompe peut débiter 220 litres d'eau dans une minute ;

la bâche se place sur le patin, entre les quatre boulons.

De la plate-forme. — La plate-forme est un madrier qu'on met dans le fond de la bâche; il a la longueur de la bâche, mais non sa largeur.

De chaque côté il y a une allonge, en sorte que la plate-forme touche aux quatre côtés et ne peut vaciller.

Les deux allonges servent à supporter : celle de droite le tuyau d'aspiration; si la pompe est aspirante et foulante; celle de gauche le tuyau de sortie du récipient.

Ce tuyau repose sur un taquet.

La surface supérieure de la plate-forme est entaillée de trois cercles, deux aux extrémités pour recevoir les deux cylindres, un plus grand au milieu pour le récipient.

Ces encastrements sont faits pour maintenir le système et faciliter le remontage de la pompe, attendu qu'on n'a pas besoin de tâtonner pour trouver la place que doivent occuper les cylindres et le récipient.

Entre les corps de pompe et le récipient sont placés quatre boulons rivés en-dessous et à vis dans la partie supérieure ; ces boulons sont assez longs pour traverser l'entablement.

Des corps de pompe. — Le corps de pompe se compose ainsi qu'il suit :

Deux cylindres, un récipient, deux conduits latéraux.

Du cylindre. — Le cylindre est creux, en cuivre fondu, alésé avec soin dans l'intérieur.

Il a pour base un cylindre d'un diamètre extérieur un peu plus grand que lui, qu'on appelle manchon, ou culasse.

La culasse n'a pas de fond ; elle est percée, sur le pourtour, de petits trous pour tamiser l'eau, et de deux trous plus grands et opposés, pour recevoir une tringle en fer, lorsqu'on veut la démonter.

Lorsque la pompe est aspirante, la culasse n'est pas percée de petits trous, mais de deux grandes ouvertures auxquelles on adapte la courbe d'aspiration.

A sa partie supérieure, la culasse a une vis qui entre dans la partie inférieure du cylindre; cette partie supérieure est percée d'un trou et garnie d'une soupape.

Au-dessus de la culasse, le cylindre est percé d'un trou sur le côté; il est garni, à la partie supérieure et extérieurement, d'un bourrelet appelé épaulement.

Du récipient. — Le récipient est un vase creux en cuivre battu, percé de trois trous, deux pour les conduits latéraux, un pour le tuyau de sortie.

Les trous du récipient, destinés à recevoir les conduits latéraux, sont garnis de vis.

Des conduits latéraux. — Les conduits latéraux sont deux tubes en cuivre qui réunissent les cylindres du corps de pompe avec le récipient; ils font corps avec les cylindres, et se joignent au récipient par deux forts raccordemens.

A chaque conduit latéral, et à l'extrémité qui entre dans le récipient, se trouve un clapet incliné du cylindre vers le récipient.

Du tuyau de sortie. — Le tuyau de sortie est destiné à débiter l'eau qui est dans le récipient; il est soudé à ce dernier.

Nota. Les tuyaux latéraux sont à raccordemens au lieu d'être soudés au récipient, afin de réparer plus facilement les clapets, lorsque cela est nécessaire.

La culasse est à raccordement avec le cylindre pour pouvoir réparer plus facilement la soupape, lorsque cela est nécessaire.

De la caisse d'entourage. — La caisse d'entourage est composée de quatre faces seulement; elles sont percées de trous pour tamiser l'eau. Cette caisse a pour but d'empêcher les ordures qui se trou-

veraient dans l'eau, de s'interposer entre
les pistons et les cylindres, et de gêner
la manœuvre.

De l'entablement. — L'entablement
est un madrier qui recouvre le corps de
pompe, repose sur les épaulemens des
cylindres et consolide tout le système.
A cet effet, il est percé de deux grands
trous pour recevoir les deux cylindres;
et de huit petits trous pour recevoir les
huit boutons à écrous, dont quatre appartiennent au patin et quatre à la plate-
forme.

A l'avant se trouve :

1°. Une plaque en fer retenue par un
boulon à tête et à écrou, et par quatre
vis; elle est destinée à recevoir le choc
du balancier sur l'avant;

Sur l'épaisseur il y a un crochet pour
attacher la chaîne de manœuvre; deux
courroies pour amarrer les pièces de l'armement de la pompe sont attachées en-
dessous;

2°. Une bande en fer destinée à empêcher l'entablement de se fendre.

La place de cette bande a été fixée de manière qu'elle correspond aux boulons du patin, afin de pouvoir, sans inconvénient pour l'entablement, recevoir la pression des écrous ; elle est maintenue par des vis.

Au milieu, et dans le sens de la longueur, se trouvent deux plaques de fer, elles sont placées de manière à recevoir les boulons de la plate-forme et à supporter la pression des écrous ; elles supportent aussi les poupées, qui sont rivées en-dessous.

Sur l'arrière se trouve une plate-bande pareille à celle de l'avant, qui reçoit les boulons du patin, et une plaque en fer comme à l'avant, pour recevoir le choc du balancier.

Il y a aussi, sur l'épaisseur de l'entablement, deux crochets pour attacher les chaînes de manœuvre et deux courroies pour amarrer les pièces de l'armement de la pompe.

Des poupées. — Les poupées sont deux pièces de fer assez fortes, plates, qui reposent sur les plaques de fer placées au milieu de l'entablement, dans le sens de la longueur.

La partie supérieure forme la fourche; cette fourche reçoit une pièce de cuivre appelée coussinet, composée de deux parties mobiles. Le coussinet reçoit le tourillon de l'arbre du balancier; sa partie supérieure est maintenue dans les branches de la fourche au moyen d'une rainure, et est fixée dans cette position par une platine percée de deux trous pour recevoir les vis des extrémités de la fourche; deux écrous serrent cette platine.

Les coussinets sont en cuivre, pour diminuer le frottement.

Du balancier. — Le balancier est une pièce de fer plate, posée sur le champ et renflée dans son milieu; les extrémités forment le T, et chaque branche du T est recourbée et garnie à son bout d'un œil pour recevoir le levier de manœuvre.

Au renflement du milieu du balancier, et perpendiculairement à ce balancier, est adaptée une pièce de fer appelée arbre, dont les bouts tournés se nomment tourrillons, et reposent sur les coussinets des poupées.

Sur ce même balancier sont attachées, par deux assemblages à tête de compas, les tringles qui font mouvoir les pistons dans les cylindres.

Des pistons. — Les pistons sont composés de deux cuirs emboutis, c'est-à-dire ayant reçu la forme d'un godet ; ces godets sont remplis de rondelles en cuir ; d'autres rondelles sont aussi placées entre les godets et les réunissent ; toutes ces pièces sont percées dans leur milieu par une tige en fer qu'on appelle soie ; aux extrémités du piston sont deux rondelles en fer pour recevoir la pression de l'écrou et de la tête de la soie, qui resserrent tout le système.

La soie des pistons est elle-même réunie à la tringle du piston par un assemblage à tête de compas, pour faciliter le jeu des pistons.

Effet produit par le jeu des pistons dans les cylindres.

PRINCIPES PRÉLIMINAIRES.

L'air est pesant.

L'air est élastique.

L'air presse en tous sens les corps qu'il environne.

L'air libre a un certain ressort, le ressort de l'air augmente ou diminue, suivant qu'il est plus ou moins comprimé.

L'air est plus léger que l'eau, et prend, par conséquent, la partie supérieure.

Du jeu des pistons. — Lorsqu'une pompe doit fonctionner, la bâche est remplie d'eau, et l'air extérieur, qui presse en tous sens, pèse sur la surface de cette eau.

Le piston étant abaissé dans l'un des cylindres, il se trouve une portion d'air comprise entre la soupape de la culasse et le piston; cet air a un certain ressort qui le met en équilibre avec la pression extérieure; en soulevant le piston, cette portion d'air remplit un espace beaucoup plus grand; cet air a donc alors moins de ressort qu'il n'en avait précédemment, il ne peut donc plus faire équilibre à la pression extérieure; alors l'eau, pressée par l'air extérieur, soulève la soupape, qui, n'offre plus la même résistance, puisque l'air qui la pressait n'a plus la même force; la soupape ouverte, l'eau entre dans le cylindre, refoule l'air dans la partie supérieure et s'introduit, jusqu'à ce que cet air comprimé fasse équilibre à la pression extérieure; alors cet air occupe, dans le haut du cylindre, un certain espace.

L'équilibre rétabli, la soupape retombe par son propre poids.

En abaissant le piston, il presse, par l'intermédiaire de l'air, sur l'eau qui est dans le cylindre; cette eau refoulée ne trouvant plus d'issue par la soupape de la culasse, puisqu'elle s'est refermée, comme nous l'avons dit plus haut, s'échappe par le conduit latéral, ouvre le clapet, qui ne lui offre plus de résistance, et s'introduit dans le récipient; le même effet se produit alternativement dans chaque cylindre.

L'eau, en entrant dans le récipient, chasse une portion de l'air que celui-ci contient, par le tuyau de sortie; le reste vient occuper la partie supérieure du récipient; cet air, comprimé par l'eau qui arrive constamment, par les conduits latéraux, réagit sur la surface de l'eau contenue dans le récipient, et la force à s'échapper; mais, trouvant les clapets fermés, et repoussés par l'eau qui arrive avec force par ces mêmes conduits latéraux, elle sort du récipient, de là passe dans les demi-garnitures, d'où elle s'échappe par la lance.

L'orifice de la lance étant beaucoup plus petit que celui de la demi-garniture, et devant néanmoins débiter la même quantité d'eau et dans le même temps, il est évident que cette dernière doit sortir avec une grande vitesse, ce qui forme le jet, qui, dans certaines pompes, est de 60 à 80 pieds de hauteur.

D'après la description de ces diverses pièces et la manière dont elles sont disposées les unes par rapport aux autres, il est très facile à tout sapeur un peu intelligent de démonter et de remonter une pompe, et c'est la première chose qu'il faut lui apprendre, afin qu'il n'agisse pas sans comprendre parfaitement ce qu'il fait.

Uniformité nécessaire dans la construction du matériel.

Il est de la plus grande utilité, et même indispensable, que toutes les pompes et leurs agrès soient construits sur le même modèle, afin que, si par un accident quelconque, une pièce d'une pompe se dérange dans un moment pressé, la même pièce puisse être prise sur une autre pompe et adaptée à celle qui fonctionne. Non-seulement on retirera de ce mode un avantage immense dans le service, en ce que le montage et le démontage se feront de la même manière, toutes les parties, les boîtes par exemple, tournant toutes de droite à gauche, et les écrous de même: En outre, on paiera ces pièces moins cher, parce que les modèles sont tout faits; on pourra s'en procurer plus facilement, parce qu'on en trouvera toujours de confectionnés à l'avance chez les fabricans, ou à en faire faire très promptement.

Du reste, ce système est celui adopté pour toutes les armes de guerre, et pour le même motif.

De même, lorsqu'il arrivera que, dans une localité, on manquera de certaines pièces, la localité la plus voisine pourra, si elle a quelques-unes de ces pièces de rechange, en prêter momentanément, jusqu'à ce qu'on ait pu s'en procurer.

Parties de l'armement de la pompe.

Outre les pièces qui font partie de la pompe même, il en existe qui, n'étant pas inhérentes à la machine, sont pourtant indispensables pour son service, et d'autres qui sont nécessaires pour faciliter les établissemens et le sauvetage des personnes qui habitent les lieux incendiés : ce sont ces pièces qui composent ce qu'on appelle l'*armement de la pompe*, et que nous allons décrire.

Des Tamis.

Lorsqu'on arrive sur le lieu de l'incendie, on est souvent obligé de se servir d'eau bourbeuse et tenant des corps en suspension : pour éviter que ces corps ne puissent obstruer les culasses et ne viennent gêner les mouvemens des soupapes, des clapets et des pistons, ce qui arrêterait la manœuvre et détériorerait la pompe par les efforts qu'on ferait pour vaincre la résistance ; on recouvre les deux côtés de la bâche par des tamis en osier , dont la forme s'adapte le mieux possible aux ouvertures de cette bâche ; on jette l'eau sur les tamis qui retiennent tout ce qui pourrait empêcher la machine de fonctionner.

Du Boudin.

La demi-garniture ou boyau à eau de-

vant être montée sur la pièce à deux vis
qui fait saillie sur la bâche, cette dernière
pièce serait exposée à être faussée et la
demi-garniture serait usée par le frottement des roues dans la marche ; de plus,
le coude le plus fort se formant à la jonction du boyau avec son raccordement sur
la bâche lorsqu'on ploie les boyaux sur
la pompe, ce coude tend à détériorer le
cuir en ce point. Pour diminuer cet inconvénient, qu'on ne peut empêcher, on a
formé un boudin, ou tuyau de deux pieds
environ, qui a une de ses extrémités garnie d'une vis appelée pièce à large bord,
qui est garnie d'une rondelle en cuir ;
cette vis prend dans l'écrou du tuyau de
sortie ; l'autre extrémité est garnie d'une
vis de raccordement qui prend dans la
boîte placée à l'extrémité de la demi-garniture. Par ce moyen, si dans la marche
il s'exerce un frottement, ce sera contre
le boudin, qu'il sera facile de changer,
tandis que s'il avait lieu contre la demi-

garniture, il faudrait abandonner cette dernière pour la réparer, ce qui la diminuerait de longueur, serait coûteux et pourrait gêner beaucoup, attendu qu'on n'en emporte pas pour rechanger.

Des demi-garnitures.

On appelle demi-garniture une longueur de 50 pieds de boyau en cuir : à l'une de ses extrémités se trouve fixée une boîte creuse à pas de vis intérieurement; à l'autre extrémité est une vis d'un pas égal à celui de la boîte, et qu'on appelle vis de raccordement, destinée à entrer dans la boîte fixée à l'extrémité d'une autre demi-garniture; en sorte que toutes les demi-garnitures de l'armement d'une pompe et des pompes présentés sur le lieu de l'incendie, peuvent être montées les unes sur les autres. Au tiers environ de la longueur d'une demi-garniture se trouvent des lanières en cuir, qu'on appelle collets, destinés à attacher les boyaux

aux rampes des escaliers, et à d'autres
points, lorsqu'on fait des établissemens
verticaux. Les raccordemens des demi-
garnitures s'adaptent au boudin. Nous
verrons plus tard comment sont confectionnés les boyaux ou demi-garnitures.

De la lance.

Les boyaux étant flexibles, il eût été
difficile au sapeur chargé de lancer l'eau
sur le feu, de diriger son jet sur tel ou
tel point. D'ailleurs l'eau sortant des
boyaux n'eût été projetée qu'à peu de distance du point extrême de ces mêmes
boyaux ; on a donc été obligé de rétrécir
les boyaux à leur sortie, pour comprimer
l'eau dans les demi-garnitures, et la lancer au loin. A cet effet, et pour remplir
un double but, on a placé à l'extrémité
de la demi-garniture un tube en cuivre
de deux pieds et demi de longueur environ, de forme conique, et qu'on a appelé
lance ; l'une des extrémités de la lance a

une boîte à pas de vis qui s'adapte à la
vis du bout de la demi-garniture extrême;
la sortie de la lance n'a que six lignes de
diamètre. L'eau, pressée dans les demi-
garnitures, étant obligée de sortir par un
orifice plus petit que celui par où elle
entre, acquiert de la vitesse, et est projetée à 60 ou 80 pieds du bout de la lance;
de plus, ce tube ayant de la solidité, le
sapeur dirige son jet comme il l'entend.

De la pièce à deux vis.

La pièce à deux vis est en cuivre; une
des extrémités est plus grosse que l'autre;
ces extrémités sont à vis toutes deux,
l'une destinée à entrer dans l'écrou du
tuyau de sortie, et l'autre dans la boîte
de la demi-garniture. On se sert de cette
pièce lorsqu'on enlève le boudin pour
adapter les boyaux à la bâche, et qu'on
veut faire manœuvrer la pompe. La partie qui se visse sur le tuyau de sortie est
garnie d'une rondelle en cuir pour rendre

l'adhérence plus complète et prévenir les fuites.

Des leviers.

Les leviers sont deux cylindres en bois de frêne, qu'on passe dans les yeux du T du balancier, et sur lesquels s'appuient les hommes chargés de manœuvrer la pompe ; ils sont renflés à l'un des bouts, pour qu'on ne puisse les faire sortir des deux côtés ; ils ont la longueur nécessaire pour que trois hommes, au moins, puissent les saisir de front, avec les deux mains.

Du cordage.

Le cordage est en chanvre de six lignes de diamètre, il sert à monter sur les toitures ; pour atteindre le haut des cheminées, pour amarrer les hommes dans les endroits périlleux, etc. Il a 80 pieds de longueur environ.

De la hache.

La hache a une partie tranchante et un

pic du côté opposé ; le tranchant sert à couper, le pic à dégrader la maçonnerie, à entraîner les pièces de bois qu'on veut changer de place, etc. On pourrait encore s'en faire un point d'appui en l'enfonçant dans le bois.

De l'échelle à crochets.

Fig. 16.

Dans le principe, on se servait d'échelles ordinaires qui, trop lourdes présentaient de la difficulté pour leur transport, lorsqu'elles étaient très longues : on leur a substitué d'abord l'échelle à l'italienne, composée de plusieurs échelles de 4 à 5 pieds de longueur se entant les unes sur les autres. Par ce moyen on pouvait sans peine en placer plusieurs bout à bout et arriver à une certaine hauteur. Cependant, comme il se faisait une grande flexion au milieu, on était obligé pour éviter les accidens, d'amarrer ces échelles à des haubans placés à droite et à gauche pour

les empêcher de se renverser. Ces incon-
véniens les ont fait abandonner ; elles
ont été remplacées avec succès par l'é-
chelle à crochets.

L'échelle à crochets a reçu beaucoup
de changemens et l'on est arrivé enfin à
la rendre légère, forte et facile à placer
sous le chariot de la pompe en la brisant ;
c'est M. Maynel, ingénieur du corps qui
l'a portée à ce degré de perfection.

Elle se compose de deux montans en
frêne de 45 millimètres, sur 19 millimètres, et de 12 pieds de longueur. Ces
montants sont recourbés au feu à une des
extrémités, de manière à ce que l'extrémité de la partie courbée devienne parallèle aux montans. Ces parties recourbées
sont garnies de plate-bandes en fer sur
l'épaisseur, et d'un sabot, afin de leur
donner de la solidité.

Ces montans sont brisés à 5 pieds et
demi, de manière à pouvoir, au moyen
d'une charnière, se replier l'un sur l'autre,

et se déployer ensuite pour être fixés dans cette position par deux plates-bandes en fer, maintenues par un boulon à écrou qui sert d'échelon. 12 rouleaux en chêne disposés dans toute la hauteur servent d'échelons.

On voit que, lorsque cette échelle est placée sur un appui de croisée, l'effort de l'homme qui monte se faisant verticalement, l'échelle ne peut se décrocher.

Au moyen de cette échelle et d'une manœuvre de gymnastique, un homme monte d'étage en étage avec la même échelle, et peut arriver à un cinquième étage en quelques minutes ; lorsque les escaliers sont envahis par le feu.

On pourrait faire une échelle pareille à un seul montant, semblable à un bâton de perroquet ; mais on ne s'en sert pas.

Il nous a été présenté plusieurs machines, tendant à développer divers étages de planchers avec échelles ordinaires, allant d'un étage à un autre, afin de sauver les hommes ; mais aucun de ces moyens ne nous a paru approcher de ceux qui sont à notre disposition à cause de la complication des machines, de la difficulté du transport, et du temps qu'elles demandent pour leur développement.

Du sac de sauvetage.

Fig. 17.

Lorsqu'un incendie se déclare, et que le feu envahit les escaliers avant que les habitans aient pu se retirer, il ne reste d'autre moyen pour les sauver que de les faire descendre par les croisées ; mais il peut arriver qu'ils soient à un 2ᵉ ou à un 3ᵉ étage ; que, de plus, leur âge, leur sexe, la peur enfin, ne leur permettent pas de descendre par l'échelle à crochets, ou au moyen d'une corde lisse ou à nœuds. Dans ce cas, il faut se servir du sac de sauvetage.

Voici comment il est construit : Un

cadre formé de quatre morceaux de bois rond en frêne, et réunis par quatre boulons rivés, est placé à la tête d'un sac en fort traillis, et cousu en dehors à point de cordonnier, avec du fil ciré. Ce cadre sert à ouvrir la tête du sac au moyen de deux courroies, l'une fixe, l'autre à boucle, qui maintiennent les quatre montants à angle droit l'un par rapport à l'autre. Ces quatre montants se reploient aussi en faisceau pour refermer le sac. A l'extrémité d'un de ces montants se trouve un anneau pour recevoir un porte-mousqueton attaché à l'extrémité d'une commande.

Le montant horizontal le plus bas doit être à un pied au-dessus de l'appui de croisée le plus élevé.

L'autre extrémité du sac est fermée par une coulisse ou par une gueule de loup. Sur les côtés sont placées des poignées en corde pour que les hommes puissent tenir fortement cette extrémité, afin de résister au poids du corps qu'on fait descendre.

Pour se servir du sac de sauvetage, le sapeur monte d'étage en étage avec l'échelle à crochets, ayant attaché à l'anneau de sa ceinture une commande, et, au porte-mousqueton placé à l'extrémité de cette commande, l'anneau du montant du sac de sauvetage.

Arrivé à l'étage où il y a quelqu'un à sauver, il enlève le sac au moyen de la commande, le place dans l'embrasure de la croisée en ouvrant le cadre, les montans horizontaux appuyant contre les joues, et les montans verticaux reposant sur le plancher; il fait ensuite entrer dans le sac les objets précieux, les hommes, les femmes, les enfans, qui, bon gré, mal gré, arrivent à l'extrémité inférieure du sac, où ils sont reçus par les sapeurs sans avoir éprouvé le moindre accident.

Si le sac n'était pas assez long pour arriver jusqu'au sol de la rue par un plan incliné, on le ramènerait à la position vèrticale au moyen d'une corde attachée à la coulisse du fond; si le sac était trop court pour arriver jusqu'au sol au moyen d'une échelle ordinaire qu'on placerait contre le mur, on parviendrait à retirer les personnes qui sont dedans.

Des seaux.

Autrefois on se servait de seaux en paniers d'osier, doublés en cuir ou en toile imperméable; mais, outre qu'ils tenaient une grande place en magasin, et qu'il fallait des chariots de corvée exprès pour les transporter sur le lieu de l'incendie; ils étaient très susceptibles de se détériorer; l'osier se pourrissait ou se desséchait; une voiture les écrasait; en les jetant même à terre un peu rudement, ils se brisaient. On leur a substitué des seaux en toile à voile, qui, une fois imbibée, ne laisse plus tamiser l'eau, en contiennent la même quantité que les premiers, ne demandent pas un dixième de l'espace exigé par les premiers, et ne craignent ni les chocs, ni le piétinement des hommes et des chevaux ; ils ne coûtent pas plus cher et durent beaucoup plus long-temps.

Ils sont formés de deux bases circulaires d'un pouce de différence, ce qui leur donne la forme d'un cône tronqué de 25 centimètres de base. Une corde maintient la forme circulaire des bases, et deux cordes en bois sous la base inférieure lui donnent de la solidité. Une corde garnie d'un morceau de bois forme l'anse du seau.

Ces seaux ployés n'ont qu'un pouce et demi d'épaisseur, et, en plaçant la base supérieure de l'un sur la base inférieure de l'autre, ils s'empilent parfaitement.

Des mâchoires.

Fig. 15.

Lorsque, sur le lieu de l'incendie, un boyau vient à se découdre, il se déter-

mine des fuites assez considérables qu'il
faut arrêter : on se sert, à cet effet, d'un
cylindre en fer appelé mâchoire.

Ce cylindre est intérieurement d'un
diamètre un peu plus petit que le diamètre extérieur du boyau. Une tranche,
ou segment de ce cylindre, est enlevée
pour permettre au boyau vide et applati
d'entrer dans la mâchoire ; dans cette position, si on fait fonctionner la pompe, le
boyau se gonfle, est fortement serré par
la machoire, et les fuites sont arrêtées.

Lorsque les fuites ne sont pas très
fortes, on se sert d'une ligature, que
chaque sapeur porte dans son casque ;
c'est une petite corde avec laquelle on
enveloppe le lieu où le boyau fuit. Nous
verrons ailleurs comment se fait cette
ligature pour qu'elle soit solide.

Du tonneau.

Lorsqu'on se rend sur le lieu de l'incendie, et qu'on sait qu'on ne se procurera

de l'eau que difficilement, il faut nécessairement en conduire avec soi. Cette nécessité a disparu en grande partie à Paris,
où de nombreuses bornes-fontaines donnent, dans certains quartiers, tout l'approvisionnement nécessaire; d'ailleurs,
les excellentes mesures prises par les commissaires de police des quartiers, de faire
arriver sur les lieux tous les porteurs
d'eau du voisinage, sont encore d'un
grand secours.

Avant d'avoir toutes ces ressources,
les sapeurs-pompiers arrivaient sur le
lieu de l'incendie avec de petits tonneaux
à brancard, de forme ordinaire; ces tonneaux avaient le désavantage de verser
facilement, de donner des secousses vio-
lentes aux hommes qui les traînaient
lorsque le terrain était inégal, et il arrivait souvent des accidents.

On crut devoir remplacer ce tonneau
par celui de l'invention de M. le chevalier de Tiville, et qui consiste à placer

l'essieu de manière à traverser le fût, en
sorte que ce dernier tourne avec les roues;
mais on reconnut bientôt qu'il avait l'inconvénient de fuir facilement, d'être difficile à remplir et à vider; qu'en tournant, la force centrifuge lui donnait une
forte impulsion, qui, dans les pentes,
pouvait occasioner de graves accidents;
enfin qu'il était très coûteux, à cause de
la grande hauteur à donner aux roues.

On a adopté, en dernier ressort, un
tonneau ordinaire à flèche, mais dont le
corps repose, aux deux extrémités, sur
une pièce en bois de frêne, de fil, recourbée, qui embrasse la demi-circonférence
du fût. Ces courbes sont fixées au brancard, à l'intérieur et à l'extérieur, par
deux plates-bandes qui l'embrassent, et
sur les côtés par deux autres plates-bandes
terminées par des boulons à écrous qui
traversent le brancard. Dans cette position, le centre de gravité du tonneau
étant dans la ligne du centre des roues,

les hommes n'éprouvent pas de charge,
peu de cahos, et le tonneau ne peut verser que très difficilement, et sur un terrain incliné.

Pour amortir les secousses, on a placé
une bande en cuir entre le tonneau et les
courbes.

La trémie étant ainsi beaucoup abaissée, le tonneau se remplit avec beaucoup
plus de facilité; il y a aussi, à droite et à
gauche du tonneau, une galerie en fer
pour placer deux sacs en toile imperméable contenant chacun cinquante seaux en
toile.

Composition du matériel d'une pompe.

Lorsqu'une pompe part pour l'incendie, elle doit être gréée de tous les objets
nécessaires aux diverses espèces de secours qui peuvent être réclamés.

Dans le coffret sont :

Des écrous de rechange, les clés de

bornes-fontaines, les clés pour monter et
démonter la pompe, un porte-mousqueton, des mâchoires, une commande.

Sur et sous le chariot.

Une hache entre le patin et le chariot,
une échelle à crochet sous le chariot.

Sur la bâche.

Un cordage, cent pieds de demi-garnitures ployées, les leviers, la lance, un
sac de sauvetage, un appareil de feu de
cave, 25 seaux dans un sac de toile imperméable, attaché aux boulons de l'a-
vant du patin.

Entretien du matériel.

L'entretien du matériel est la chose la
plus essentielle, attendu que, quelque
bons que soient les procédés qu'on peut
employer pour éteindre les incendies, si,
au moment d'agir, les agrès sont en mauvais état, on n'obtiendra aucun résultat,

et qu'on courra d'autant plus de risques qu'ayant eu confiance dans les machines qu'on avait à sa disposition, on n'aura pas pris de précautions pour remédier à leur défaut.

Conservation sur le lieu de l'incendie.

Lorsque les sapeurs-pompiers vont éteindre un incendie, ils conduisent leur matériel avec eux, puisque la pompe est gréée de tous les objets nécessaires ; mais lorsque le feu est éteint, les hommes qui sont mouillés, fatigués, ne sont pas chargés de relever le matériel ; on les fait rentrer le plus tôt possible à leur quartier ; le garde-magasin, qui s'est rendu sur les lieux, conserve avec lui des hommes de garde, réunit tout ce qu'il retrouve, et constate par procès-verbal qu'il a été égaré tels ou tels objets qui ont été délivrés ; il les fait figurer en perte à la colonne de son registre.

Effets d'habillement détériorés.

Les sapeurs ne devant pas s'occuper de la conservation de leurs effets, ce qui ralentirait leur zèle et serait fort nuisible ; l'officier de semaine constate, à la rentrée du détachement à la caserne, les détériorations survenues aux effets ; une expertise est faite, et on rembourse aux sapeurs le montant des dommages, en payant l'effet hors de service, suivant sa valeur, et donnant une indemnité pour la moins-value des objets à réparer. Il faut être très prudent dans ces expertises, et avoir des données sûres sur l'état des objets avant le feu, ce qu'on sait par la durée du service qu'ils avaient, sans quoi il pourrait en résulter de graves abus.

Réparation des pompes.

Lorsqu'une pompe a paru sur le lieu de l'incendie, et qu'elle a fonctionné, elle

est ordinairement couverte de boue à
l'intérieur et à l'extérieur; les boyaux
sont sales, peuvent avoir été percés; les
seaux sont sales, mouillés, etc.

Les premiers soins du garde-magasin
sont, de faire rentrer ces pompes à l'état-
major, et de les remplacer dans les postes
auxquels elles appartenaient par d'autres
pompes en bon état, prises à l'état-major ou dans les casernes.

Le chariot est lavé avec une éponge
et une brosse à voiture, afin de conserver
la peinture; les roues démontées et re-
graissées, après que la fusée a été déga-
gée du gras dont elle est recouverte, et
qui s'est mêlée à la poussière, ce qui
donne du frottement dans la marche.

La pompe est démontée dans toutes ses
parties, et chacune d'elles est lavée et
brossée, pour que les chaînes de manœuvre, les poignées, les culasses, les cylindres, etc., soient dégagés de la boue qui

les couvre, ce qui gênerait la manœuvre et rouillerait ces diverses pièces.

Les pistons sont réparés, la bâche est remplie d'eau, et on y a adapté de nouvelles demi-garnitures pour faire fonctionner la pompe et s'assurer qu'elle porte à la distance voulue. Toutes ces parties sont repeintes de temps à autre pour la conservation des bois, des fers et du cuivre.

Des demi-garnitures.

Les demi-garnitures sont pendues verticalement dans une cheminée d'évent, pour faire égouter toute l'eau qu'elles renferment, et pour sécher le dedans et le dehors, au moyen du courant d'air qui les pénètre.

Lorsqu'elles sont sèches, on les tend horizontalement par les deux extrémités, on les gratte avec une lame de couteau émoussée, afin de retirer toute la boue qui a fait croute avec le gras. On fait ensuite sécher la demi-garniture au soleil, et lorsqu'elle a été bien échauffée on la retend horizontalement et on la graisse avec du saindoux sans sel, auquel on ajoute $\frac{1}{5}$ de goudron liquide, qui, par son odeur, sert à éloigner les rats et les vers. Le sel, s'il y en avait dans le saindoux, brûlerait le cuir.

Lorsque les boyaux sont ainsi enduits de gras, on les remet à terre au soleil, pour que le cuir en soit bien pénétré dans toute l'épaisseur.

On roule ensuite la demi-garniture sur elle-même au moyen d'une roue, et on la met sur champ en magasin; dans cette position, elle prend peu de poussière et ne se coupe pas, puisqu'elle ne forme pas de plis anguleux.

Avant d'être graissées, les demi-garnitures sont remplies d'eau au moyen de la pompe; l'extrémité opposée au tuyau de sortie de la pompe est fermée au moyen d'un chapeau couvert; l'eau, fortement comprimée par le jeu de la pompe, laisse apercevoir les fuites, s'il y en a, et on les répare.

Toutes ces précautions sont indispensables si on veut que le matériel soit toujours en bon état, prêt à servir convenablement, et qu'il coûte moins de réparations; or c'est ce qu'on n'obtiendra jamais si on n'a pas des hommes payés pour cela, et qui en fassent leur état.

Des seaux.

Les seaux en toile sont lavés et pendus ensuite à une corde au moyen de crochets en fil de fer, pour les faire sécher; on les reploie ensuite, on les empile par 25 pour les placer en magasin, sans quoi la toile se pourrirait, ils prendraient de mauvais plis et ne pourraient plus s'arranger dans les sacs de toile imperméable, dans lesquels on les place sur le devant de la pompe.

Pompes dans les remises.

Les pompes en dépots dans les remises des casernes sont équipées de toutes les pièces nécessaires pour aller au feu ; afin que la poussière ne se dépose pas dans les cylindres , dans les ajutages et sur les demi-garnitures , on a soin de les couvrir avec une toile imperméable, cousue de manière à envelopper totalement la pompe et ses agrès. (Cette couverture s'appelle bâche.)

Lorsqu'elles sont restées trop long-temps sans être employées, on les découvre pour enlever la poussière qui aurait pu pénétrer par le dessous de la couverture.

Tonneaux dans les remises.

Pour éviter que la sécheresse ne dis-joigne les douves des tonneaux, il faut avoir soin de les tenir constamment pleins

d'eau; il faut aussi les repeindre de temps
à autre pour conserver le bois.

Il faut, autant que possible, placer les
pompes, et surtout les tonneaux, sous
des voûtes et dans des lieux bien clos,
afin que dans l'été ils ne soient pas exposés à la sécheresse, et que, dans l'hiver,
ils soient à l'abri de la gelée, qui fait éclater les robinets et les douves. Dans le cas
où l'on ne pourrait passe garantir du froid,
il faut placer dans les remises des poêles,
afin d'empêcher les boyaux et les tonneaux de geler. On peut aussi entourer
ces derniers, et surtout leurs robinets, de
paille ou de fumier.

Par ce moyen on pourrait avoir toujours de l'eau à sa disposition dans les
plus grands froids.

De la manière de confectionner les boyaux.

Les boyaux sont faits en excellente peau

de bœuf ; ils ont dix-huit lignes de diamètre intérieur. Le cuir est coupé par lanières de la largeur nécessaire, et en biseau sur l'épaisseur. Le point de couture est pris en avant et en arrière des biseaux de manière qu'en serrant le point, les deux biseaux se recouvrent parfaitement et se joignent bien.

Dans le principe, les boyaux étaient cousus en fil de chanvre ciré ; mais on a reconnu que ce moyen donnait peu de solidité, le fil se pourrissant promptement, déterminait des fuites nombreuses et par suite demandait beaucoup de réparations.

Plus tard, on imagina de réunir les deux côtés du cuir par des clous en cuivre à large tête, rivés en-dessous ; ce moyen parut très bon et d'une grande solidité ; mais on reconnut bientôt que lorsque les clous partaient, on avait beaucoup de difficulté à réparer les boyaux, parce que les têtes avaient attaqué le cuir, et qu'on

14..

ne trouvait pas entre deux clous, un cuir assez solide pour en placer un troisième, parce que le gras n'a pu pénétrer sous les têtes.

On se sert maintenant, et depuis long-temps, de fil de laiton, qu'on emploie comme un fil de cordonnier; mais afin de pouvoir serrer fortement, on saisit le fil avec deux pinces plates; on fait ainsi un fort tirage qui réunit parfaitement les deux biseaux de cuir. Par ce moyen les points peuvent être assez longs, pour que lorsqu'il y a une fuite, on puisse prendre entre deux points pour recoudre, et le cuir est resté assez fort pour soutenir for-tement ce nouveau point. La couture en fil de laiton est moins chère que celle en clous de cuivre, et le cuir entre deux points peut toujours être graissé.

Manière de rouler les demi-garnitures.
Fig. 18.

Pour rouler les demi-garnitures on a une roue composée de deux plateaux.

L'un de ces plateaux est garni d'une manivelle dont la soie traverse le plateau et y est fixée. La soie est renflée dans la partie qui traverse le plateau et a 2° de diamètre environ; ce renflement se prolonge derrière le plateau d'une longueur égale à peu près à la largeur du boyau.

On attache le bout de la demi-garniture au renflement de la soie au moyen d'une corde passée autour de la boîte et qui passe dans un œil pratiqué à la soie.

On place ensuite le deuxième plateau de la roue en passant la soie dans un trou pratiqué au centre de ce plateau; on le serre contre le renflement de la soie, et on le fixe dans cette position au moyen d'une clavette. La roue est ensuite placée sur un chevalet au moyen de deux coussinets, qui reçoivent les extrémités de la soie, qui servent de tourillons.

Un homme tient la demi-garniture et l'aplatit, en l'appuyant contre la traverse, tandis qu'un autre tourne la manivelle qui fait tourner la roue ; on enroule ainsi le boyau sur lui-même, de manière à lui faire faire une spirale.

Le diamètre de la roue est un peu plus grand que celui de la spirale formée par 50 pieds de boyau.

On enlève ensuite le plateau mobile en ôtant la clavette ; on retire la spirale et on la maintient au moyen d'une corde placée en croix et fortement arrêtée ; après quoi on la remet en magasin, sur champ, ce qui l'expose peu à la poussière et ne brise pas le cuir.

Gymnastique.

Les sapeurs-pompiers sont obligés pour leur service de passer sur les faîtages avec des seaux pleins d'eau, avec des échelles, de faire au besoin la chaîne sur ces faîtages, et même sur des pièces de bois de peu de largeur ; d'arriver aux étages des maisons incendiés dont les escaliers sont interceptés, au moyen d'échelles de cordes, de cordes à nœuds, de cordes lisses, de perches vacillantes, d'échelles à crochets ; ils ne parviennent à avoir la souplesse et la hardiesse nécessaires pour vaincre ces difficultés, qu'en faisant des exercices répétés de gymnastique.

A cet effet il a été établi dans chaque caserne un gymnase, où les hommes sont exercés par un professeur en chef et des sous-professeurs spécialement chargés de cette instruction.

Manœuvre de l'échelle à crochets.

Si l'on veut monter de la rue à un étage quelconque d'une maison incendiée dont les escaliers sont envahis par le feu,

Le premier servant prendra l'échelle à crochets ployée sous la pompe, il la posera les crochets en l'air, la dédoublera, la détournera ensuite en plaçant les crochets contre terre ; dévissera l'écrou, enlèvera le boulon, abattra la plate-bande et replacera le boulon et l'écrou, de manière à empêcher l'échelle de s e re-ployer.

Le premier servant prendra ensuite l'échelle; la portera verticalement le long du mur, l'enlèvera les crochets en-dehors jusqu'à ce qu'il ait atteint l'appui de la croisée du premier étage; il la retournera il saisira ainsi l'appui avec les crochets; l'échelle ainsi posée, le premier servant montera, et arrivé sur l'appui de la croisée, il descendra dans l'appartement, et maintiendra l'échelle, par les crochets, pour qu'elle ne vacille pas pendant que le chef montera.

Pendant que le premier servant montera, le chef de pompe attachera la commande à l'anneau de sa ceinture, et aussitôt qu'il verra le premier servant arrivé au haut de l'échelle, il montera à son tour.

Arrivé sur l'appui de la croisée, il se retournera face à l'extérieur et sera retenu par le premier servant qui, à cet effet, le saisira par l'anneau de sa ceinture.

Le chef se baissera, prendra l'échelle par les crochets, l'enlèvera en l'appuyant contre son corps, les crochets en dehors, en la maintenant bien verticalement; il l'élèvera en la faisant glisser de main en main. Lorsque le deuxième servant qui est resté en bas, et qui suit tous les mouvemens, verra que les crochets ont dépassé l'appui de la croisée du 2ᵉ étage, il commandera : tournez. Alors le chef appuiera les deux mains contre la poitrine en les croisant, retournera l'échelle les crochets en dedans, il laissera ensuite descendre l'échelle dont les crochets reposeront sur l'appui de la croisée.

L'échelle assurée, le chef se retournera, et montera au deuxième étage. Le premier servant maintiendra le pied de l'échelle pour qu'il ne rentre pas, ce qui pourrait la faire vaciller; arrivé au deuxième étage, le chef descendra dans l'appartement , maintiendra à son tour l'échelle par les crochets et le premier servant montera ; et ainsi de suite d'étage en étage.

Les sapeurs arriveront donc de cette manière, et en peu d'instans, d'un rez-dechaussée à un étage quelconque ; mais on sent que cet exercice demande du sangfroid , de l'adresse et surtout de l'habitude pour que l'homme placé debout sur l'appui d'une croisée faisant face au dehors, et obligé de faire des mouvemens avec une échelle, n'éprouve pas une crainte qui lui deviendrait funeste.

Arrivés à leur destination, le chef fera attacher au porte-mousqueton placé à l'extrémité de sa commande, les objets dont il aura besoin , et les enlèvera ; à cet effet il en donnera l'ordre au deuxième servant.

Manœuvre du sac de sauvetage.

Lorsqu'on aura été prévenu que dans

une maison incendiée il y a, à tel ou tel
étage, des personnes à sauver, et que les
escaliers ne sont pas praticables, le chef
s'occupera de suite de faire retirer l'échelle
à crochets et le sac de sauvetage.

A cet effet il commandera :

Sac à terre, à l'échelle.

A ce commandement le chef déchaînera, le 1er servant retirera l'échelle qu'il
déploiera et portera verticalement sous la
croisée par où l'on doit arriver.

Le 2e servant montera sur une des
roues, débouclera et jettera le sac de sauvetage du côté de la maison le cadre en
dessus, et aidé du chef, disposera ce sac
sous la croisée.

Le 2e servant attachera la commande à
l'anneau de la ceinture du chef; et le chef
et le 1er servant monteront aux étages avec
l'échelle à crochets, comme il vient d'être
dit.

Pendant ce temps, le 2e servant attachera le porte-mousqueton à l'anneau du

sac de sauvetage et disposera le sac. Le chef et le 1.ᵉʳ servant, arrivés au lieu où il y a des personnes à sauver, tireront à eux le sac de sauvetage, le disposeront, les montans horizontaux appuyés contre l'embrasure de la croisée, les montans verticaux touchant à terre, et les courroies bouclées pour maintenir l'ouverture du sac.

Le 2ᵉ servant, aidé soit par des bourgeois, soit par d'autres sapeurs, s'il en est arrivé, saisira l'extrémité du sac, l'éloignera le plus possible du pied de la croisée, pour adoucir la pente; lorsque l'on sera placé, le 2ᵉ servant préviendra le chef, et alors on fera entrer les personnes dans le sac, mais alors seulement; ces personnes en se laissant glisser, et s'aidant même, arriveront sans aucun inconvénient.

Dans le cas où le sac de sauvetage n'aurait pas assez de longueur, on attacherait une corde à la boucle de l'extrémité du sac ; on donnerait au sac une inclinaison suffisante, et lorsque la personne serait arrivée au bout, on laisserait tout doucement revenir le sac à la position verticale; si dans cette nouvelle position le sac ne touchait pas encore à terre, on placerait une échelle le long du mur, et on retirerait la personne qui est dans le sac.

Il est à remarquer que bien que ce sac soit ample, il est pourtant tel, que si la pente était forcément roide, on pourrait diminuer l'accélération de là descente, en ouvrant les coudes ; on pourrait ainsi s'arrêter lorsqu'on le voudrait.

APPAREIL-PAULIN

contre l'asphyxie par la fumée.

Fig. 19.

Depuis long-temps on s'était occupé des moyens à employer pour mettre les hommes en position de travailler dans les lieux privés de l'air vital.

Plusieurs appareils ingénieux avaient été imaginés, mais presque aussitôt abandonnés, soit parce qu'ils étaient trop compliqués et ne pouvaient être employés que par des personnes expérimentées, soit parce qu'ils limitaient trop le temps pendant lequel ils pouvaient être employés efficacement par la personne qui en était revêtue, soit enfin parce qu'ils empêchaient d'agir, ou étaient trop coûteux, etc.

Investi du commandement du corps des sapeurs-pompiers, et ayant éprouvé dans diverses circonstances, combien il était difficile et périlleux de pénétrer dans les caves où le feu s'était déclaré, et où se trouvaient réunies des matières grasses, huileuses, alcooliques, qui dégagent une fumée infecte, M. Paulin crut devoir s'occuper activement du moyen de maintenir les sapeurs-pompiers dans de pareils lieux, de telle sorte qu'ils pussent y travailler tranquillement, sans être obligés de s'occuper du soin de leur conservation, et s'adonner par conséquent totalement à leur devoir.

Il s'imposa, en outre, la condition d'arriver à ce but par un moyen prompt, simple, à portée du premier soldat pompier, et n'exigeant à peu près que les objets du matériel actuellement à sa disposition pour l'extinction des incendies.

A cet effet, il a recouvert le sapeur coiffé de son casque, d'une large blouse en bazane, avec un masque demi-cylindrique, d'une ligne d'épaisseur; au-dessous du masque est un sifflet à soupape pour faire les commandements.

La blouse est serrée sur les hanches par une ceinture faisant partie de l'uniforme du sapeur; deux bracelets à boucles ferment les poignets; deux bretelles placées en avant du bas de la blouse, passant entre les jambes du sapeur et se bouclant derrière, servent à, empêcher la blouse de monter lorsque l'homme agit.

C'est cette enveloppe, qu'il a nommée *blouse*, qui doit recevoir continuellement l'air nécessaire à la respiration de l'homme ; dans ce but, elle est percée au côté gauche, et à hauteur de la poitrine, d'un trou auquel est adapté un raccordement en cuivre ; à ce raccordement vient se fixer la vis d'un boudin, ou boyau en cuir avec spirale ; ce boyau est lui-même fixé sur la bâche de la pompe à incendie ordinaire par un raccordement. Si, dans cette disposition, on fait fonctionner la pompe vide d'eau, on envoie dans la blouse une grande quantité d'air qui la gonfle et tient l'homme dans une atmosphère d'air frais, continuellement renouvelé, ce qui lui permet de vivre sans aucune gêne dans la fumée la plus infecte ou dans tout autre gaz malfaisant, tant que la pompe fonctionnera.

Pour que la blouse ne puisse être déchirée, soit par le poids du boyau, soit par le tirage sur ce même boyau, on place à dix-huit pouces du raccordement un collet qui est attaché à l'anneau de la ceinture, et sur lequel se fait l'effort. Ce même collet permet au sapeur de s'aider de son corps pour tirer à lui le boyau à mesure que les travailleurs le lui en-voient.

Il est à remarquer que, bien que l'air qu'on envoie dans l'appareil, soit en plus grande quantité que celui qui est con-sommé par l'homme, et que par consé-quent il soit comprimé dans la blouse, cette compression ne pourra jamais gêner la respiration, parce que l'air peut s'é-chapper par les plis de la blouse, à la ceinture et aux poignets ; et qu'en fuyant par ces issues, il remplit deux objets im-portans, celui de ne pas gêner la respira-tion, et celui de refouler à l'extérieur de la blouse toutes les vapeurs malfaisantes qui tendraient à s'y introduire.

Par ce procédé, M. Paulin est parvenu, non-seulement à résister à la fumée, et à toute espèce de gaz délétère, mais aussi à supporter, sans danger, et pendant plus d'une demi-heure, une chaleur de cinquante degrés environ.

Cet appareil propre au service des Sapeurs-Pompiers pour les feux de cave, peut être employé avec plus de succès encore pour pénétrer dans les fosses, les mines, les cales de vaisseaux, les puits infectés, puisqu'il n'y a à craindre que des gaz délétères, et non de la fumée et de la flamme, et qu'on peut s'éclairer dans ces lieux au moyen d'une lanterne alimentée par une portion de l'air qui fait vivre l'homme; cette lanterne est fixée au même appareil par une agrafe attachée à la ceinture.

Ce procédé peut être appliqué avec avantage à une distance de 200 pieds du point infecté, en se servant de la pompe ordinaire à incendie; nul doute qu'avec une pompe plus forte et construite à cet effet, on pourrait s'en servir à une distance beaucoup plus considérable.

Les ingénieurs militaires, ceux des mines, de la marine, et en général toutes les personnes chargées de la visite ou du curage des lieux infectés, pourront faire construire des pompes particulières, moins coûteuses, moins volumineuses et plus propres à leur service, que celles adoptées pour le corps des Sapeurs-Pompiers, attendu qu'il ne sera pas nécessaire d'avoir un réservoir d'eau attenant à cette machine.

Au moyen de cet appareil, on remplacera les ventilateurs dont l'effet n'est pas toujours bien assuré. D'après les expériences faites par M. Frédéric de Drieberg, des boyaux d'un pouce de diamètre suffiront.

Ci-joint un extrait du rapport, rédigé par la commission chargée de constater le résultat de cette expérience faite en présence de M. le préfet de la Seine ; plus un croquis de l'appareil.

Au moyen d'un ajutage à deux orifices, on pourra faire agir deux sapeurs qui s'aideront, et se porteront secours en cas de besoin.

Manière de relever une pompe renversée avec son chariot.

La pompe montée sur son chariot a une voïe assez étroite, afin de passer dans les rues les moins larges ; or, comme les pompiers arrivent toujours précipitamment au lieu de l'incendie, ils peuvent, soit en tournant trop subitement ou en courant sur un terrain incliné, renverser la pompe.

Pour la relever lorsqu'elle ne sera pas séparée du chariot, le chef se placera vis-à-vis de la roue du côté où la pompe a versé, ayant à sa droite le premier servant, et à sa gauche le deuxième servant ;

tous trois saisiront le balancier, feront effort ensemble à un commandement du chef et enlèveront le tout. Lorsque l'inclinaison de la roue sur laquelle repose tout le poids, sera telle qu'en ce moment le chef ne pourra plus agir sur le balancier, ce chef lâchera le balancier, saisira la roue par la partie supérieure et fera effort en ce point. Le premier et le deuxième servant continueront de faire effort sur le balancier, jusqu'à ce que le chariot soit remis dans sa position.

Si dans la chute, la pompe s'était séparée du chariot, on releverait séparément chaque partie et on remettrait la pompe sur le chariot par les moyens qui sont indiqués dans la manœuvre.

Les sapeurs doivent éviter de courir dans les tournans et sur les plans inclinés, parce que si la pompe verse, non-seulement il arrive des accidens aux hommes, mais même à la machine, qui peut ne plus pouvoir fonctionner en arrivant. Les sa-

peurs perdraient d'ailleurs plus de temps
à la relever que s'ils eussent été un peu
moins vite.

*Manière de faire les réparations qui
peuvent être nécessaires aux diverses
parties de l'armement pendant l'incendie.*

Lorsque par une manœuvre forcée ou
par tout autre raison, une demi-garniture
se crèvera en un point, il peut arriver que
la fuite soit légère, ou bien qu'elle soit
considérable.

Dans le premier cas, on se servira d'une
ligature que chaque pompier porte dans
la bombe de son casque; on enroule
cette corde en hélice sur le boyau,
de manière que tous les cercles soient
fortement serrés; on forme ainsi un cylindre qui enveloppe le boyau, et qui une
fois mouillé, ne permet plus à l'eau de
filtrer. Pour la solidité, la ligature doit

dépasser de trois pouces en avant et de trois pouces en arrière la crevasse qu'on veut masquer. Cette ligature sera arrêtée par un nœud à chaque extrémité.

Dans le cas où ce serait le boudin qui serait avarié, il serait plus prompt et plus sûr de le changer.

Si au contraire, la crevasse est considérable, on se servira de mâchoires comme nous l'avons indiqué en parlant de cette partie de l'armement.

De la lance.

Lorsque la lance sera percée, on pourra la réparer au moyen d'une ligature comme on l'a fait pour la demi-garniture ; mais comme la lance est conique et que cette ligature pourrait se défaire en coulant vers la partie la plus étroite, on fixera la corde à la boîte de la lance et l'on commencera la ligature à trois pouces de la crevasse en commençant par la partie la plus voisine de l'orifice.

Du levier.

Si un levier vient à se fendre ou à se casser; on pourra aussi le réparer au moyen d'une ligature.

Des raccordémens.

Lorsque les raccordemens seront difficiles à serrer à la main, on se servira des tricoises; dans le cas où l'on n'aurait pas de tricoises, au moyen d'un ciseau émoussé et d'un marteau, on pourrait faire effort sur les dentelures destinées à servir de points d'appui à la tricoise.

Enfin, dans le cas où l'on n'aurait ni ciseau, ni marteau; une pièce de monnaie, une pierre tranchante placée sur les dentelures et frappée au moyen d'une autre pierre produirait le même effet.

Des culasses.

Lorsque l'eau sera bourbeuse, on aura soin de passer souvent la main contre les culasses afin de les dégager de la boue qui aurait pu se déposer et boucher les trous de tamisage, en passant à travers les tamis.

De la lance.

Il pourrait arriver que quelque corps étranger s'étant introduit par les culasses sans gêner la manœuvre, fût venu jusqu'à la lance et en obstruât la sortie; ce qui risquerait de faire crever les boyaux, l'eau ne pouvant pas sortir; dans ce cas on fera cesser la manœuvre, on inclinera la lance le petit bout vers la terre, pour que le corps étranger ne soit pas entraîné de nouveau dans les boyaux; on démontera la lance dans cette position, et en souf-flant par l'orifice on fera sortir ce qui gênait la manœuvre.

Des pistons.

Lorsque les pistons sont trop secs ou ont été détériorés par le frottement; ils laissent un vide entre eux et le corps du cylindre ; alors l'eau pressée, au lieu de se rendre dans le récipient, sort en partie par le vide dont nous venons de parler, jaillit sur les hommes et les force à abandonner la manœuvre. Dans ce cas, on enveloppe la verge du piston d'un bouchon de paille, de foin ou de toile qui arrête l'eau à la sortie des pistons, et permet aux travailleurs de continuer à manœuvrer.

Du balancier.

Si le balancier cassait près du point d'appui, on abandonnerait le piston détaché et on manœuvrerait avec l'autre seulement, ce qui donnerait un jet moins fort et moins régulier.

Si le balancier n'était pas totalement rompu, on pourrait, au moyen d'un morceau de bois, relier les deux bras au moyen d'une corde et continuer la manœuvre.

De la bâche.

Lorsque la bâche fuit, on ferme les crevasses avec des matières que l'eau ne peut ramollir, comme de la cire, de la résine fondue ; et si les ouvertures étaient trop grandes, on se servirait d'un linge. Dans tous les cas ces objets doivent boucher les ouvertures de l'intérieur à l'extérieur de la bâche, pour que l'eau de la bâche les soutienne.

Principes généraux pour l'établissement des pompes sur le lieu incendié.

Lorsque les sapeurs sont avertis qu'un incendie s'est déclaré, le chef de poste doit questionner avec soin, la personne qui fait l'avertissement, pour savoir positivement quelle est la nature du feu, et le lieu où il s'est déclaré, afin d'y arriver le plus promptement possible en emmenant

16..

avec lui tout ce qui lui est nécessaire.

Ainsi pour un feu de cheminée il n'a besoin que de la hâche et du cordage; pour un feu de cave, il lui faut la pompe et une torche; enfin si d'après les renseignemens qu'on lui a donnés, il n'est pas certain de la nature du feu, il conduira la pompe avec tout son armement.

S'il fait nuit il allumera un flambeau pour se guider plus facilement dans le trajet; il se fera aider pour traîner la pompe par des bourgeois s'il en trouve de bonne volonté, et se fera accompagner lorsqu'il le pourra par la personne qui a fait l'avertissement.

De la reconnaissance.

Lorsque les sapeurs seront arrivés sur le lieu incendié; le chef et le premier servant feront la reconnaissance qui est la partie la plus essentielle, en ce que d'elle dépend un succès plus ou moins prompt; ils prendront pour cela des renseignemens

sur les localités, ils laisseront à la garde
de la pompe le deuxième servant qui doit
s'opposer à ce que personne y touche
avant le retour du chef. Cela fait, ils se
transporteront dans le bâtiment incendié,
munis, le chef de la hâche, le premier
servant du cordage; ils approcheront le
plus possible du foyer, jugeront de son
étendue, de la nature des matières en
combustion et des moyens à employer
pour les éteindre le plus sûrement, après
quoi ils reviendront près de la pompe.

Le cordage sert à se hisser aux points
difficiles à atteindre; la hâche à abattre les
pièces qui par leur position pourraient
communiquer le feu et à faire ainsi isolement.

Dans sa reconnaissance, le chef aura eu
soin de remarquer la forme des escaliers,
la direction des corridors à parcourir, afin
de juger de la quantité de boyaux qu'il y
aura à développer, et par conséquent du
nombre de demi-garnitures à employer.

Des dispositions à prendre.

Les abords du lieu incendié étant toujours encombrés de monde, de voitures à tonneaux, il est essentiel de disposer
la pompe de telle manière que les boyaux
ne traversent ni la rue ni la porte cochère
s'il y en a, afin de laisser la circulation
libre et que ces boyaux ne soient ni apla-
tis, ni déchirés.

S'il n'est pourtant pas possible d'agir
autrement, il faut leur faire longer les
murs, en formant le moins de coudes
qu'on pourra; on aura des hommes spécialement chargés de soulever les tuyaux
pour laisser passer les voitures dessous, ou
pour les enlever à 6ᵖᵒ de terre, pour que
les chevaux passent par-dessus sans les
piétiner, s'ils ne sont pas attelés.

Il faut autant que possible placer les
pompes de manière que les travailleurs
soient à l'abri de la chute des matériaux,

afin non-seulement d'éviter les accidens, mais même pour que la manœuvre ne soit pas abandonnée.

Qu'elles soient assez éloignées les unes des autres pour que les commandemens ne se confondent pas, qu'elles ne se gênent pas dans la manœuvre, que les boyaux soient distincts; à cet effet chaque pompe doit avoir un numéro et le coup de sifflet doit être bien distinct pour chaque pompe.

De l'attaque du feu.

Dans un incendie on doit toujours chercher à refouler les flammes du dedans au dehors, par conséquent on doit toutes les fois qu'on le peut, entrer par les allées aux rez-de-chaussées; dans les boutiques, par les arrière-boutiques; dans les étages par les escaliers, afin de conserver toutes les issues.

On ne doit entrer par les croisées que lorsqu'on ne peut pas faire autrement, parce dans ce cas le courant d'air s'établissant du dehors au-dedans, porte le feu dans les escaliers et les appartemens du derrière, ce qui complique l'attaque et augmente les dangers. D'ailleurs on a toujours plus de facilité à arriver par les escaliers, et les établissemens sont plus faciles.

On arrive par les croisées au moyen des échelles à crochets.

Comment on alimente la pompe.

———

On peut alimenter une pompe en formant la chaîne; pour cela on place les travailleurs sur deux rangs, se faisant face et à 3 pieds de distance l'un de l'autre; l'homme placé au réservoir reçoit un seau plein, de la main gauche, le passe dans sa main droite pour le donner à son voisin de droite qui le reçoit de la main gauche.

L'homme qui est près de la pompe vide son seau dans la bâche et le rend vide à celui qui lui fait face; celui-ci le reçoit de la main gauche, le passe dans sa main droite et le donne à l'homme qui est à sa droite; le seau vide revient ainsi au réservoir et est rempli de nouveau.

Si l'on'n'avait pas assez de monde pour faire la chaîne double on la ferait simple; seulement deux ou trois hommes placés en dehors de la chaîne feraient parvenir les seaux vides au réservoir, en se mettant à une certaine distance l'un de l'autre et se les jetant.

Lorsque les entrées des maisons sont trop étroites pour pouvoir former la chaîne, ou que là distance du feu au réservoir est trop grande ce qui exigerait beaucoup de monde, on alimente la pompe du foyer de l'incendie, par une autre pompe placée au réservoir et dont les tuyaux arrivent à la première. Le commandement qui fait cesser la manœuvre de la première pompe doit faire cesser aussi celle de la deuxième, sans quoi il y aurait de l'eau perdue.

Lorsque le feu est dans un bâtiment trop élevé et qu'on aurait de la difficulté à faire arriver l'eau au foyer, à cause de la grande quantité de boyaux à développer, ou parce qu'on n'aurait pas assez de boyaux, on porte la pompe dans les étages, pour, attaquer le feu avec plus de force de jet.

De l'établissement des boyaux pour attaquer généralement un feu quelconque.

Suivant que le point incendié sera au rez-de-chaussée, dans un étage ou dans une cave, l'établissement sera horizontal ou rampant ; il sera vertical lorsque par nécessité ou pour plus de facilité on fera monter les boyaux du rez-de-chaussée à un point quelconque des étages, sans suivre le rampant de l'escalier, ou lorsqu'on attaquera le feu par les croisées. Il n'y

a que ces trois manières de placer les
boyaux; elles peuvent être employées en
même temps deux à deux ou toutes trois
ensemble, dans le même établissement.

Les escaliers étant généralement construits de manière que le giron soit double
de la hauteur de la marche, l'établissement horizontal sera d'un quart moins
long que l'établissement rampant, et l'é-
tablissement rampant aura deux fois et un
quart au moins, autant de développement
que l'établissement vertical.

Lorsque les boyaux ne sont pas tendus,
les coudes peuvent être plus ou moins
prononcés, ce qui nuit à l'arrivage de l'eau,
il faut donc éviter que les boyaux soient
recourbés sur eux-mêmes, et pour cela il
faut combiner l'établissement de manière
à faire le plus possible des lignes droites,
avec des demi-garnitures.

Ainsi, si au moyen d'un établissement
vertical et horizontal, il arrivait qu'on
eût beaucoup plus de boyaux qu'il n'en

faut, on le convertirait en établissement
vertical, rampant et horizontal en même
temps.

Si au contraire on n'avait pas assez de
boyaux avec une demi-garniture, pour
faire un établissement rampant, on le ferait vertical et horizontal.

En général, on ne doit employer que le
moins de boyaux possible et peu de raccordemens; mais comme les demi-garnitures n'ont que cinquante pieds de longueur, il arrivera souvent qu'on aura trop
ou trop peu de longueur avec une ou plusieurs demi-garnitures; dans ce cas il faudrait choisir la nature de l'établissement.

Il faut toujours commencer un établissement mixte, par la partie verticale, s'il
doit y en avoir une, par la partie rampante
ensuite, et par la partie horizontale en
dernier lieu; sans quoi si l'on avait une
partie de l'établissement à changer, il faudrait le changer en totalité.

Le boyau qui est en surplus doit toujours être dans la partie horizontale qui est au point d'attaque, parce que si le feu s'éloigne, ce qui arrive toujours, il faut pouvoir le poursuivre sans être obligé de déranger les premières dispositions prises.

Lorsqu'un feu a été éteint, l'officier commandant doit toujours avant de se retirer prendre les renseignemens nécessaires pour savoir comment il a pris, et par quel point il a commencé afin, d'en rendre compte au commandant du corps.

PRINCIPES PARTICULIERS

pour l'attaque des feux suivant leur nature.

———

Nous avons donné les principes généraux pour faire la reconnaissance d'un feu et pour l'attaquer; mais outre ces principes généraux il y en a encore de particuliers pour les feux de chaque nature.

On distingue les feux en 5 classes.

1°. Feux de caves ;

2°. Feux de rez-de-chaussées, de boutiques, de hangars ;

3°. Feux d'étages, de chambres ou de planchers ;

4°. Feux de combles ;

5°. Feux de cheminées.

Chacune de ces localités présentant par sa position, des circonstances particulières, la manière d'opérer ne peut être la même ; la différence a lieu principalement dans la reconnaissance et dans l'établissement.

FEUX DE CAVES.

Les feux de caves sont moins dangereux pour le voisinage que les feux de rez-de-chaussée et d'étages, parce que ces lieux sont ordinairement voûtés et toujours en contrebas du sol, de sorte qu'on peut facilement intercepter l'air et empêcher la flamme de se développer ; mais d'un autre côté, si les caves ne sont pas voûtées, ou si ces voûtes ne sont pas très bonnes, elles peuvent s'écrouler et le bâtiment perdre de sa solidité.

Ces feux sont toujours fort dangereux pour les sapeurs-pompiers, parce que la masse de fumée épaisse et infecte qui se dégage dans les escaliers et les corridors, empêche la torche de brûler, que l'on ne peut voir où l'on marche, qu'il est facile de s'égarer au milieu de lieux dangereux, et qu'on peut être asphyxié et ne pas être secouru à temps.

D'ailleurs la grande quantité de fumée qui s'étend au loin, laisse croire à un grand danger et met tout un quartier en alarme.

Pour attaquer un feu de cave ordinaire, on commence par l'étouffer le plus possible en fermant les soupiraux et les portes, de manière à intercepter les courans d'air.

On s'informe ensuite près des habitans, de la direction à prendre pour arriver à la cave, des détours à faire, des obstacles de toute nature qu'on peut rencontrer et de l'espèce des matières en combustion.

Ces données une fois obtenues, le chef chargé de l'attaque du feu, et son premier servant se couvrent la bouche et le nez avec un mouchoir imbibé d'eau ou de vinaigre, pour arrêter le plus possible les corps gras en suspension dans l'air; ils attachent ensuite une corde ou guide à la rampe de l'escalier, la saisissent de la main droite, marchent à reculons, et le corps le plus près possible de terre pour ne respirer que la tranche d'air la moins chargée de fumée, puisque cette dernière tend à prendre la région supérieure, et que le courant d'air qui s'établit par l'appel du feu rase toujours le terrain.

Lorsque le chef, qui marche le premier, aura trouvé le foyer, il pourra arriver que la porte de la cave soit ouverte ou qu'elle soit fermée.

Dans le premier cas, il se glissera le

plus près possible pour reconnaître la position et l'étendue du foyer, et pour savoir quelle est la nature des matières enflammées.

Dans le second cas il laissera la porte fermée.

Dans l'un et l'autre cas ils reviendront ensuite à la pompe en ayant soin de laisser leur corde ou guide, au point où ils seront arrivés, afin de pouvoir le retrouver facilement.

Arrivés à la pompe ils prendront un peu haleine, mouilleront de nouveau leur mouchoir; le chef prendra la lance, le premier servant le suivra, en lui allongeant les boyaux et arrondissant les coudes, tous deux suivront le cordage guide.

Arrivés de nouveau au foyer le chef ouvrira la porte si elle est fermée, en se servant de la hâche que le premier servant aura emportée à cet effet; il dirigera ensuite sa lance vers le foyer, sifflera pour commander la manœuvre et éteindra le feu.

Si le chef se trouvait fatigué avant la fin de l'opération, il se ferait remplacer par le premier servant, ou par des hommes que le chef supérieur enverrait sur sa demande.

Lorsqu'on se croira à peu près maître du feu, on fera ouvrir les soupiraux, afin de faire évacuer la fumée qui aura beaucoup augmenté, au moment où l'on aura jeté de l'eau sur le foyer.

Il est à remarquer que la connaissance des matières en combustion est une chose très essentielle, attendu, par exemple, que si elles dégageaient de l'acide carbonique, qui est lourd, et occupe toujours les régions inférieures, on ne devrait pas suivre le procédé indiqué, de se baisser, sans quoi on serait promptement asphyxié.

L'attaque d'un feu de cave se faisant généralement par l'escalier, l'établissement sera rampant et horizontal.

Il pourrait arriver le cas où il y aurait impossibilité de pénétrer par l'escalier ;

alors on attaquerait par le soupirail le
plus voisin du foyer, après avoir eu soin
de fermer tous les autres soupiraux et les
portes, on ferait descendre la lance dans
la cave après avoir attaché l'orifice à une
commande ; on relèverait le petit bout, on
ferait manœuvrer et l'on chercherait le
foyer à tâtons, ce qu'on reconnaîtrait au
pétillement que fait le feu lorsque l'eau
tombe dessus.

On évitera le plus possible de lancer
l'eau contre les voûtes afin de ne pas faire
éclater les voussoirs, ce qui nuirait au bâtiment.

D'après cet exposé on voit que les feux
de cave sont fort dangereux pour les
hommes qui doivent les éteindre, que
dans certaines circonstances les hommes
peuvent être rebutés par les accidens qui
arrivent sous leurs yeux, et où il n'y a pas
de bravoure à déployer ; que les chefs
même répugnent à sacrifier les hommes ;
qu'il y a ainsi hésitation, temps perdu,

progrès dans l'incendie, et souvent impossibilité de pouvoir arrriver au foyer.

M. Roberts, anglais, avait proposé en 1824, un masque qui tenait à une trompe; cette trompe pendait jusqu'à terre et portait à son extrémité un entonnoir renversé, dans lequel se trouvait une éponge imbibée d'eau de chaux; l'homme recouvert du masque, en aspirant dans cette trompe n'attirait à lui que l'air de la couche inférieure qui est le plus pur, et encore était-il obligé de passer dans l'éponge imbibée, où il déposait les miasmes.

Cet appareil ingénieux était excellent en théorie, mais inadmissible pour la pratique, en ce qu'il ne pouvait pas servir dans le cas où on eût été dans une atmosphère de gaz acide carbonique; qu'il fatiguait considérablement la poitrine de l'homme obligé d'aspirer continuellement avec force; qu'il fallait toujours avoir la tête basse, sans quoi l'on respirait un air vicié; que cette trompe vous battant dans les jambes, on ne pouvait que difficilement marcher.

Tous ces motifs firent abandonner presque subitement cet appareil, dont on ne pouvait d'ailleurs se servir qu'après s'être exercé à l'employer.

Il fallait cependant s'occuper de mettre les sapeurs à l'abri des accidens nombreux qui arrivent lorsque le feu prend dans les caves des quartiers marchands.

En 1835, M. le lieutenant-colonel Paulin, commandant les Sapeurs-Pompier de Paris, a imaginé un appareil simple, commode que nous allons décrire en donnant textuellement son mémoire.

Cette découverte doit totalement changer la manière de procéder pour les feux de cave, surtout dans les cas très difficiles.

INSTRUCTION

pour l'extinction des feux de caves.

———

Aussitôt que les sapeurs seront arrivés sur le lieu de l'incendie avec la pompe, le caporal chef de pompe examinera si l'intensité du feu et la nature de la fumée qui sort de la cave, permettent de se servir des procédés mis en usage jusqu'à présent et indiqués au manuel.

Si au contraire il reconnaît que le feu est considérable, et que la fumée qui s'exhale peut être de nature à présenter des dangers, si on la respirait, il se servira de l'appareil et suivra les indications ci-après.

Manière de se servir de l'appareil.

———

Le chef de la pompe fera prévenir au plus vite à la caserne ou au poste le plus voisin, pour qu'on accoure avec une pompe. C'est avertissement sera fait par un bourgeois qu'on paiera si cela est nécessaire.

Le chef fera mettre ensuite pompe à terre, et prendra aussitôt après toutes les informations nécessaires pour bien connaître la position de la cave incendiée.

Pendant ce temps les deux servants développeront les boyaux (1), les essaieront à sec pour s'assurer qu'ils retiennent l'air, et les mouilleront s'ils le laissent perdre; ils ajouteront à la dernière demi-garniture le boudin de la blouse et serreront tous les

---

(1) On s'assurera que les boyaux ne perdent pas l'air en mettant le pouce sur l'orifice de la lance et le pressant fortement; on fera fonctionner la pompe, et lorsqu'en retirant le pouce, on s'aperçoit que l'air chasse avec force, on sera certain que les boyaux ne fuient pas.

Si dans la manœuvre on pense que l'emploi de la commande tel qu'il est indiqué, serait trop difficile, on pourrait y substituer l'un des deux moyens suivants.

raccords, pour éviter les fuites d'air ; ils auront soin dans ce cas, de bien vider ensuite les demi-garnitures et la bâche.

La pompe sera placée autant que possible à gauche de l'entrée de la cave, hors d'atteinte de la fumée, pour n'envoyer au caporal que de l'air pur.

Lorsque le chef de pompe aura pris les renseignemens et que la pompe sera préparée, il se disposera à faire sa reconnaissance ; pour cela, il se couvrira de son appareil, ayant soin de bien placer sa ceinture, l'anneau sur le côté gauche, il fera boucler les bracelets sur les poignets,

---

1°. Remplacer le clou par une fiche en fer avec un anneau auquel serait attaché d'avance la commande ; cette fiche serait enfoncée en terre puisque le sol des caves n'est jamais pavé.

2°. Attirer avec le boyau à air, la fiche en fer et la commande qu'on filerait en même temps et qu'on attacherait au collet. La fiche en fer serait fixée en terre aussitô tqu'on serait arrivé au foyer de l'incendie.

saus trop les serrer pour ne pas gêner les mouvemens et la circulation du sang; il fera attacher les bretelles autour des cuisses pour empêcher la blouse de remonter.

Ainsi disposé, il fera adapter au raccordement de la blouse la vis de l'extrémité du boudin, ayant soin de faire attacher le collet à l'anneau de la ceinture pour éviter le tirage sur la blouse. Il ordonnera la manœuvre et entrera dans la cave, ayant dans la poche de sa ceinture, un petit marteau, un clou et une commande. Le premier servant allongera les boyaux en évitant les coudes; le caporal lui-même tirera les boyaux avec la main gauche, en s'aidant de son corps au moyen du collet, et en évitant aussi les coudes.

Arrivé au foyer de l'incendie, ce qu'il reconnaîtra, soit à la lueur du feu, soit à la chaleur qui augmentera en arrivant de plus près en plus près, soit enfin au pétillement des matières embrasées, il plantera son clou dans le mur à hauteur de ceinture ; il attachera sa commande au clou, fera ensuite un à-gauche, saisira le tuyau de la main gauche, la commande de la main droite et sifflera pour annoncer qu'il revient et qu'on doit retirer les boyaux ; ce que fera tout doucement le premier servant en s'arrêtant lorsqu'il sentira de la résistance, ce qui prouverait qu'il va plus vite que le caporal. En revenant il laissera filer sa commande sans la tendre, pour ne pas détacher le clou, et lorsqu'il sera arrivé à la sortie de la cave, il fera attacher la commande à la rampe de l'escalier à hauteur de ceinture.

Si le caporal s'aperçoit que le lieu du foyer est facile à retrouver, il pourra ne pas se servir de la commande, puisqu'elle ne lui sera pas nécessaire.

Attaque du feu.

La reconnaissance ayant été faite comme

il vient d'être expliqué, le caporal demandera alors la lance de la deuxième pompe,
qui sera arrivée pendant le temps de la
reconnaissance, et aura été placée du côté
opposé à la pompe à air, de manière à
être le plus près possible de la porte de la
cave pour que les coups de sifflet soient
plus faciles à entendre, et pour avoir moins
de boyaux à développer.

Il rentrera dans la cave en tirant à lui
les boyaux de la pompe à air, et ceux de
la pompe à eau qui devront être vides;
ces boyaux ne peuvent se brouiller, puisque le sapeur sera entre les deux.

Arrivé de nouveau en suivant la commande, au foyer de l'incendie, il sifflera
pour ordonner la manœuvre de la pompe
à eau, et éteindra le feu.

Les coups de sifflet ne regarderont jamais les hommes qui manœuvreront la
pompe à air, qui doit toujours fonctionner et à toute volée, depuis le moment où
le caporal s'est recouvert de l'appareil,

jusqu'au moment où après avoir éteint le feu, il sortira de la cave.

Fonction du chef et des servans dans cette manœuvre.

Pompe à air.

Dans l'attaque d'un feu de cave, le caporal après avoir fait mettre la pompe à terre, et pris les renseignemens sur la position de la cave, se couvrira de l'appareil, commandera la manœuvre et fera sa reconnaissance.

Le premier servant et le second servant développeront les boyaux, serreront les raccords, et le premier servant habillera le caporal.

Pendant la reconnaissance le premier servant sera le plus près possible de la cave pour allonger les boyaux à air, le deuxième servant ne quittera pas la pompe,

veillera à ce qu'on ne mette pas d'eau
dans la bâche, et à ce que les travailleurs manœuvrent sans s'arrêter un seul
instant.

Pompe à eau.

Le caporal sera le plus près possible de
la porte de la cave pour allonger les
boyaux à eau.

Le premier servant aidera le caporal en
restant toujours entre lui et la pompe.

Le deuxième servant ne quittera pas la
pompe, fera manœuvrer lorsqu'il en recevra le commandement.

Lorsque le caporal de cave sifflera pour
ordonner la manœuvre, le caporal qui est
le plus près de la cave répètera le commandement, le premier servant ensuite, et
le deuxième servant fera manœuvrer.

FEUX DE REZ-DE-CHAUSSÉE.

Les établissemens à faire pour attaquer

les feux de rez-de-chaussée sont à peu près les mêmes, puisqu'ils sont toujours horizontaux. L'attaque dans ces cas est la plus facile, parce que dans cette disposition les boyaux sont faciles à diriger, que le sapeur qui tient la lance a toujours la facilité de se transporter aisément partout où sa présence est nécessaire, et opérer autour de lui.

La seule précaution à avoir, c'est d'éviter les coudes des boyaux et leur aplatissement.

Le chef, après avoir fait la reconnaissance des lieux et avoir visité le foyer, placera la pompe de la manière la plus convenable, la sortie faisant face au lieu incendié, afin que le boyau ne fasse pas de coude à sa jonction avec la bâche.

Si le feu est dans une boutique ou un appartement double, il doit ordinairement y avoir une sortie ou des croisées sur la pièce du derrière, en communication avec l'allée qui conduit aux étages.

Dans ce cas, il peut arriver, 1° que le feu soit dans la pièce du devant; alors il faut fermer avec soin l'issue sur l'allée et les issues sur l'appartement du derrière, afin que le courant d'air ne porte pas le feu dans ces parties et n'intercepte pas les communications : attaquer le feu de front en ayant soin de noicir immédiatement les boiseries et les planchers.

Si le feu gagnait sur l'arrière, il faudrait l'attaquer dans cette partie pour le refouler sur son centre, et empêcher que par les croisées du derrière, il n'atteignît les premiers étages.

Enfin l'attaquer des deux côtés s'il avait gagné l'avant et l'arrière, ou s'il n'était que sur l'arrière pour empêcher la communication.

Il faut en attaquant le feu, épargner le plus possible les carreaux, pour ne pas établir de courans d'air.

Si, dans la boutique, il existe des matières grasses, alcooliques, il faut éviter de jeter de l'eau dessus, à moins que ce ne soit en très grande quantité, sans quoi les matières pétillent et peuvent cruellement brûler les personnes qui les avoisinent. Il faut autant que possible, se servir de fumier, de couvertures mouillées, pour intercepter l'air, et alors jeter sur ces derniers objets beaucoup d'eau, pour les empêcher de prendre feu à leur tour.

Il faut s'occuper avec soin de mouiller les objets environnans auxquels ces matières tendraient à mettre le feu, afin de n'avoir à surveiller que les points dangereux.

Tous les feux de rez-de-chaussée sont à peu près dans le même cas, sauf les localités particulières, et l'on ne peut rien prévoir à ce sujet.

Les hangars, remises, greniers, etc., donnent matière à d'autres considérations ; en même temps qu'on s'occupe de l'extinction des matières qu'elles renferment, il faut veiller à la conservation des bâtimens afin d'éviter qu'ils ne s'écroulent, et pour cela, préserver le plus possible du feu les pièces principales de l'édifice. Lorsqu'on ne pourra y parvenir, et qu'on craindra la chute de certaines parties, il faudra donner des ordres pour que les hommes ne soient pas exposés à être écrasés. La présence d'esprit et l'intelligence du chef sont tout dans ces circonstances.

Il faut que celui qui tient la lance soit le plus près possible du foyer, pour bien apprécier les effets du feu et les opérations qu'il doit faire.

FEUX D'ÉTAGES OU DE CHAMBRES.

Les feux d'étages sont dans la même catégorie que les feux de rez-de-chaussée; la pompe devra être placée dans la même

position, mais l'établissement sera diffé-
rent.

On devra conserver le plus possible les
entrées et l'escalier de la maison, et n'entrer que par les escaliers et les portes, pour
préserver les issues. On n'attaquera par
les fenêtres uue dans le cas où l'on ne pourrait pas faire autrement, ou dans le cas où
la pièce incendiée étant très loin de l'entrée, on ne pourrait opérer facilement,
et qu'un établissement par la croisée ne
pourrait nuire et serait moins long que le
premier.

En attaquant par les escaliers, on aura
plus de facilité.

L'établissement sera toujours rampant,
et horizontal à l'arrivée sur le feu.

Il pourra être vertical ou horizontal;
et enfin vertical, rampant et horizontal,
suivant les localités, les difficultés, et la
longueur des boyaux dont on pourra disposer.

L'eau ne devra jamais être lancée de la

rue, on doit toujours se porter le plus possible sur le feu pour le refouler en dehors.

On aura soin de noircir à l'avance tout ce qui est approché par la flamme.

Si le feu était aux planchers, ce qui pourrait arriver par un vice de construction qui ferait qu'il y aurait communication entre les poutres et l'intérieur des cheminées; alors il faudrait faire lever le carrelage ou le plancher, introduire entre le carrelage et les poutres une grande quantité d'eau, et lorsque le feu serait arrêté, dégarnir le plancher jusqu'à ce qu'on eût trouvé le foyer.

FEUX DE COMBLES.

Les feux de combles ressemblent beaucoup aux feux de greniers et de hangars.

Il faut pourtant observer que dans ces derniers, la pompe est dans la rue, et qu'elle doit être placée de manière que les matériaux qui tomberont nécessairement de la toiture, n'atteignent pas les travailleurs, qui seraient exposés et déserteraient le travail.

Dans ces feux, il faut conserver les pièces principales de la charpente, avoir soin de ne pas diriger le jet contre la toiture, parce que si elle est légère, elle serait enlevée par le jet, ce qui donnerait des courans d'air.

Il faut s'occuper d'empêcher le feu de gagner dans le voisinage, ce qui aurait lieu, si le mur de pignon qui sépare les maisons ne monte pas au-dessus du comble embrasé. Dans ce cas, il est indispensable d'abattre les fermes les plus voisines de ce mur afin de faire isolément.

Si le vent portait la flamme sur le voisinage, l'établissement devrait être dirigé contre le vent.

FEUX DE CHEMINÉES.

Aussitôt que le chef d'un poste aura été prévenu pour un feu de cheminée, il se transportera sur les lieux, avec les deux servants emportant la hache et le cordage.

En arrivant, le chef examinera les lieux, demandera des seaux pleins d'eau et un drap qu'il fera mouiller. Il fera ensuite fermer la porte et les croisées pour diminuer le courant d'air; il nettoiera avec un balai et aussi haut que possible, l'intérieur de la cheminée pour la dégager de la suie qui est dans cette partie, et placer le drap de manière à ce qu'il s'applique parfaitement sur les jambages et sur la tablette de la cheminée; après quoi, il fera pincer le drap par le milieu, le retirer vers l'intérieur de la chambre, et le relâcher ensuite pour recommencer. Dans le premier mouvement l'air descendra en colonne de la cheminée vers la chambre parce qu'il y aura eu un vide de fait ; au second l'air sera refoulé de la chambre vers le haut de la cheminée ; cette colonne d'air faisant va-et-vient dans la cheminée , la ramènera et la suie tombera. Comme cette suie pourrait dessécher le drap et le brûler, on mettra dans la cheminée des seaux pleins d'eau pour la recevoir ; on mouillera continuellement le drap mais légèrement, pour ne pas inonder l'appartement.

Pendant que le deuxième servant et les bourgeois feront cette opération, le chef et le premier servant munis de la hache et du cordage se feront donner connaissance de la direction des tuyaux de cheminée ; ils les suivront en tâtant pour voir à la chaleur où est le foyer, et pour voir s'ils ne sont pas crevassés et ne peuvent laisser communiquer la flamme dans les parties du bâtiment qu'ils traversent. Ils s'informeront si dans les combles il n'y a pas des évents destinés à empêcher la cheminée de fumer, et à laisser passer le ramoneur; ils les feront boucher ou observer , s'il y en a.

Dans le cas où le feu ne céderait pas , le chef s'informera s'il n'y a pas d'autres cheminées qui se dévoient dans celle dont il s'agit, et dans le cas de l'affirmative , il les ferait fermer, ce qui serait fort aisé si elles avaient des soupapes à la Désarnault. Il arriverait ensuite sur les toits, par tous les moyens en son pouvoir, en passant sur les plombs, se servant d'échelles et de cordages pour arriver au tuyau de la cheminée. Il jetterait de l'eau dans cette cheminée par la mître et par les trous d'évents ; enfin, si ces moyens ne réussissaient pas, il abattrait la mître dans le tuyau , afin de la faire ramoner par les matériaux ; ce moyen ne doit être employé qu'en dernier ressort. De même les sapeurs ne doivent se faire des échelons sur les toits en brisant les ardoises, que lorsqu'ils n'ont pas d'autre moyen pour arriver au tuyau de cheminée, attendu que des hommes au fait de leur métier doivent faire le moins de dégâts possible.

Quelques personnes ont proposé de ramoner la cheminée instantanément, en faisant une détonation d'armes à feu dans le tuyau, laquelle produisant un très grand mouvement dans la colonne d'air ferait tomber la suie. Ce moyen serait souvent plus nuisible qu'utile, parce qu'il pourrait crevasser l'intérieur du tuyau.

D'autres ont proposé de jeter sur le brasier, une assez grande quantité de fleur de soufre, et de fermer l'ouverture de la cheminée avec un drap. Par ce moyen, les gaz qui se développent, absorbent une partie de l'air qui doit alimenter la combustion de la suie, ce qui diminue son intensité.

Ce procédé tout-à-fait chimique aurait l'inconvénient, s'il n'était employé avec discernement et précautions, de rendre malades les personnes qui en feraient usage et de noircir dans les appartemens toutes les dorures, tandis qu'avec le procédé ordinaire et un peu de patience on n'a rien à craindre.

Ce moyen ne peut d'ailleurs être employé que dans le cas où il y aurait beaucoup de braise, afin que toute la fleur de soufre soit réduite en gaz en même temps, et absorbe une grande quantité de gaz oxigène.

Lorsque le feu sera éteint, le chef fera chercher un ramoneur, le fera conduire dans la maison, et la cheminée sera ramonée en sa présence et aux frais de celui qui habite les lieux. Ce ramoneur devra examiner, si par vice de construction, il y aurait des pièces de bois qui traversent la cheminée ; s'il y a des dégradations qui facilitent l'agglomération de la suie ; s'il y a des crevasses par où la flamme pourrait arriver chez les voisins.

Dans le cas où la cheminée serait en mauvais état, il sera dressé sur-le-champ un procès-verbal, et l'autorité ordonnera

immédiatement la réparation de la cheminée.

Cheminées dont les tuyaux sont en fonte.

Fig. 20.

_____

Depuis quelque temps on a eu l'idée de
construire des tuyaux de cheminée en
fonte ; ces tuyaux sont placés dans le mas-
sif de la maçonnerie et ont cinq ou six
pouces de diamètre.

Lorsque le feu se manifeste dans des
cheminées ainsi construites, il est facile
de l'éteindre, parce qu'on peut avoir dans
la partie inférieure une soupape qui ferme
exactement l'entrée de l'air ; qu'on peut
avoir aussi une fermeture qui s'adapte
parfaitement à la partie supérieure ; en
sorte que la communication avec l'air extérieur peut être interceptée et que le feu
n'ayant pour aliment que l'air renfermé

dans le tuyau au moment où l'on ferme, ne pourra pas tarder à s'éteindre.

Mais si par un motif quelconque on ne pouvait s'en rendre maître de suite, il faudrait bien se garder de jeter de l'eau dans le tuyau, attendu que le passage subit d'une grande chaleur au froid le ferait fendre, ce qui serait dangereux, et qu'ensuite il faudrait le remplacer en tout ou en partie, ce qui serait difficile.

Il faut dans ce cas avoir un espèce de piston ou un boulet, d'un diamètre un peu moins gros que celui de l'intérieur du tuyau, on l'attachera à une chaîne forte, déliée, longue, et l'on ramonera la cheminée en partant du haut; on aura soin de fermer la partie supérieure du tuyau avec un morceau de tissus de laine épais et dans lequel on aura fait un trou pour laisser passer la chaîne.

Un piston vaut mieux qu'un boulet, parce qu'il touchera sur une plus grande surface à la fois. D'ailleurs en remontant, le boulet amasserait de la suie qui pourrait gêner sa marche, au lieu qu'en construisant le cylindre comme l'indique la figure , on ramonera, et la suie tombera. Ce cylindre a un noyau cylindrique en plomb ou fer. A pour lui donner de la pesanteur. Les rondelles supérieure et inférieure sont creuses au centre et réunies au noyau cylindrique par des rayons en fer.

Considérations générales.

En général, lorsqu'on craint pour le voisinage et qu'on a assez de moyens, il faut se rendre maître des points de contact, en même temps qu'on attaque le foyer de l'incendie : on a l'esprit plus tranquille sur les conséquences; on agit avec plus de sécurité, et l'on n'a pas autour de soi tous ceux qui croient leurs propriétés en péril.

DESCRIPTION

et manœuvre de l'échelle à l'italienne.

Description.

Fig. 22.

L'échelle à l'italienne se compose de plusieurs petites échelles, ayant chacune deux montans et cinq échelons. Les montans ne sont pas parallèles, en sorte qu'un bout de l'échelle est plus large que l'autre. Les montans sont échancrés de manière à pouvoir recevoir un échelon dans cette échancrure. L'échelon extrême du côté le plus étroit ressort du montant, d'une quantité un peu plus grande que la largeur des montans.

Manœuvre.

Un homme enlève une des petites

échelles, la partie la moins large en l'air
en l'appuyant contre le mur ; deux autres
prennent une seconde échelle, présentent
son bout le moins large au bout le plus
large de l'échelle soutenue en l'air par le
premier homme, de manière à faire entrer le premier échelon de cette seconde
échelle dans les échancrures des montans
de la première, et les parties saillantes
des extrémités du dernier échelon de la
première, dans les échancrures des montans de la deuxième. On frappe ensuite
la deuxième échelle à terre pour bien assurer la liaison et l'on a une échelle double.
L'ensemble de ces deux échelles est sou-
levé comme la première, et l'on y en ajoute
une troisième de la même manière, et
ainsi de suite. On pourra avoir ainsi une
échelle triple, quadruple, etc.; de la plus
petite échelle.

Lorsqu'on veut allonger beaucoup l'é-
chelle, il faut augmenter le nombre de
servans, l'échelle à soulever devenant

beaucoup plus lourde et plus difficile à manœuvrer.

Lorsque l'échelle a acquis une certaine longueur, elle fléchit beaucoup, et la courbe qu'elle décrit est d'autant plus forte que le pied de l'échelle est éloigné du mur. Pour éviter les accidens on relie ensemble les montans avec des cordes vers le milieu de la courbure, afin de la diminuer ; ces cordages font fonctions de haubans.

Il faut cependant que cette courbure soit sensible, sans quoi lorsque le sapeur monterait à l'échelle et qu'il serait placé entre le premier et le deuxième point d'appui, la partie de l'échelle qui touche le mur s'en détacherait et tomberait en arrière.

Cette échelle est très dangereuse et difficile à établir ; il faut s'en servir le moins possible lorsqu'on est obligé d'en mettre plus de trois parties bout à bout.

Pompe aspirante.

La pompe aspirante ne diffère de la pompe foulante qu'en ce qu'au lieu d'aspirer l'eau qu'on met dans la bâche, elle aspire elle-même l'eau dans le réservoir, ce qui fait qu'au lieu d'avoir des culasses percées de beaucoup de petits trous pour recevoir l'eau de la bâche, ces culasses n'ont chacune qu'un grand trou duquel part un tuyau ; ces deux tuyaux des culasses se réunissent en un seul du côté opposé au tuyau de sortie du récipient, et forme la courbe d'aspiration. A ce tuyau s'adapte un boyau d'aspiration ou spiral en cuir, dont l'extrémité plonge dans le réservoir.

A chaque coup de balancier, un des pistons aspire l'air qui est dans le tuyau d'aspiration et y fait le vide. La pression de l'air sur la surface de l'eau du réservoir fait monter l'eau dans la courbe d'aspiration, et de là elle passe dans l'un des cylindres, en soulevant la soupape de la culasse ; un second coup de piston fait fermer la soupape de la culasse, et passer l'eau dans le récipient, et ainsi de suite : le reste de l'opération est le même que dans la pompe foulante.

La pompe aspirante et foulante projette l'eau moins loin que la pompe foulante, parce qu'une partie de la force est employée pour l'aspiration.

Le tuyau aspiral est garni d'un store, pour qu'il conserve toujours la forme cylindrique pendant l'aspiration. L'extrémité de ce tuyau qui plonge dans ce réservoir est garnie d'une tête d'arrosoir pour ne pas laisser passer les ordures qui gêneraient la manœuvre.

Cette pompe ne peut servir que lorsque le niveau de l'eau est de vingt-cinq à trente pieds au plus en contre-bas du lieu sur lequel repose la pompe. (*Voir aspirante et foulante avec chapeau couvert.*)

Attaques simulées.

Les Sapeurs-Pompiers étant répartis dans les postes de Paris, il arrive que des hommes se trouvent rarement dans la position d'être appelés aux incendies, et ne peuvent ainsi acquérir de l'expérience. Il est pourtant essentiel qu'ils n'aillent pas au feu sans avoir des notions théoriques de leur métier. Il est vrai que les sapeurs sont toujours sous les ordres d'un caporal au moins, qui ayant plus d'expérience, peut les diriger, mais il faut aussi que le caporal puisse être secondé afin d'obtenir un résultat favorable.

Pour parvenir à ce but, on fait faire aux sapeurs des attaques simulées; on suppose que le feu est dans un point de la caserne ; on suppose des issues praticables, d'autres fermées, et on leur donne un problème d'établissement à faire. Les sapeurs agissent suivant leur intelligence,

et lorsqu'ils ont fait leur établissement ,
les officiers vont le voir , accompagnés des
autres sapeurs ; ils approuvent ce qui est
bien , font connaître ce qui est mauvais ,
expliquent le pourquoi et rectifient ; en
sorte que lorsque les hommes ont l'habitude de ces opérations, ils ne sont pas
surpris lorsqu'ils se trouvent à un véritable
feu.

Ces exercices sont ceux qui peuvent le
mieux développer l'intelligence des hommes et les mettre en état de rendre promptement des services.

*Moyens employés pour monter une.
pompe dans les étages d'une maison.*

Nous avons dit qu'il pouvait arriver
que faute de boyaux assez longs, ou pour
diminuer la longueur du parcours de l'eau
et obtenir un jet plus fort, à la sortie de
la lance, on approchait la pompe du foyer

de l'incendie en la faisant transporter dans les étages.

Nous avons vu aussi que lorsque la pompe est à terre, on lui fait prendre au moyen des chaînes toutes les positions qu'on veut ; en se servant de ces mêmes chaînes on la transporte aussi dans les étages des maisons incendiées. Pour cela, le chef tâche de se procurer un homme de bonne volonté pour l'aider; il fait tourner la pompe de manière que l'arrière corresponde à l'entrée de la maison ; le premier et le deuxième servant prennent les chaînes et entraînent la pompe vers l'escalier, tandis que le chef et son aide poussent, s'appuyant sur le T du balancier. Arrivés au pied de l'escalier les deux servans élèvent un peu le patin au moyen des chaînes, pour que les semelles ne rencontrent pas les marches ; le chef et son aide, poussent en appuyant contre le T du balancier et la bâche, et avec peu de peine ils transportent la machine dans les étages.

Il est aisé de voir qu'on monte l'arrière de la pompe en avant, à cause des deux chaînes qui donnent plus de facilité pour le tirage.

Par la même raison, lorsqu'on veut redescendre la pompe, on se met en mouvement par l'avant, parce qu'il y a deux chaînes pour retenir la machine, et l'empêcher de se mouvoir avec trop de rapidité, ce qui pourrait occasioner de graves accidens.

De la manière de construire les salles de spectacle, pour prévenir les incendies, et du service que doivent y faire les Sapeurs-Pompiers.

Les théâtres sont la réunion d'un public nombreux ; ils sont éclairés par une grande quantité de lumières appuyées contre les montans des coulisses, à proximité de toiles flottantes. Dans certains théâtres on donne des pièces à artifices, et il y a danger d'incendie. On a donc dû s'occuper avec soin des moyens de prévenir les sinistres dans ces lieux, où les malheurs seraient incalculables.

Les anciennes salles de spectacle sont souvent construites en pans de bois et recouvertes en charpentes, ce qui en cas d'accident donnerait peu d'espoir de sauver les bâtimens, et est actuellement le sujet de vives inquiétudes.

Depuis (1829) l'administration avertie, et forte d'expérience acquise par les incendies de plusieurs théâtres, a formé une commission pour examiner ces établissemens et proposer des améliorations. Cette commission a posé comme principes :

1°. Que les salles de spectacle doivent être séparées des habitations par un isolement de neuf pieds tout autour, afin d'éviter le contact et d'avoir une circulation qui permette de porter les secours sur tous les points;

2°. Que le théâtre et la salle doivent être enfermés dans une enceinte par un mur de dix-huit pouces en bonne maçonnerie de manière à tout concentrer dans cet espace en cas d'événement ;

3°. Que la couverture doit être en fermes de fer et en poterie ;

4°. Qu'un gros mur doit séparer la salle du théâtre depuis le point le plus bas jusqu'au point le plus élevé ; que la seule ouverture doit être celle de la scène ;

5°. Que l'ouverture de la scène doit pouvoir être fermée instantanément par un rideau métallique à mailles et non plein, afin d'isoler la salle du théâtre en cas d'incendie, et que ce rideau doit toujours être baissé après le jeu ; que la manœuvre du rideau doit se faire du corps de garde des pompiers, pour qu'il soit lâché aussitôt que la sonnette d'alarme se fera entendre ;

6°. Que toute communication avec les dessous doit être interdite à toute autre personne qu'au lampiste et aux machinistes;

7°. Que toutes les portes de communication du théâtre avec les dehors du mur d'enceinte, doivent être fermées avec des portes retombantes, en fer ou en bois doublé de tôle;

8°. Que toutes les constructions en dehors du gros mur d'enceinte, telles que corridors, escaliers, loges d'acteurs, foyers etc., doivent être faites en matériaux incombustibles.

9°. Que toutes les lumières tant du théâtre que du lustre, doivent être entourées d'un réseau métallique;

10°. Que les magasins de décors doivent être séparés du théâtre;

11°. Que les issues pour la sortie et l'entrée doivent être larges et nombreuses;

12°. Que les fils des sonnettes d'alarme dans les différens étages doivent correspondre chacun à la cave, et ne pas être comme aujourd'hui solidaires l'un de l'autre;

13°. Qu'il ne doit y avoir aucun logement particulier dans l'établissement;

14°. Que les ouvriers ne doivent pas avoir leurs ateliers de menuiserie dans les dessus, et que défense doit leur être faite de fumer en travaillant et de travailler à la lumière;

15°. Que toutes les toiles de plafonds et autres doivent autant que possible être imbibées de dissolutions salines pour retarder le développement de la flamme;

16°. Que des portes de retraite doivent être ménagées des cintres au dehors, soit par les escaliers, soit par les plombs, pour les sapeurs de service.

Outre toutes ces précautions qui regardent la construction proprement dite des salles de théâtre, on a pensé que dans un cas de nécessité, les secours venant du dehors, ne seraient pas assez prompts, attendu la rapidité avec laquelle le feu prend dans de pareils établissemens; on a donc établi un service particulier et permanent dans chaque théâtre, tant en personnel qu'en matériel.

PERSONNEL.

Les accidens du feu peuvent arriver pendant le jeu et après le jeu. Généralement les petits accidens qui arrivent pendant le jeu n'ont aucune suite, parce que tous les yeux sont ouverts sur le danger, et que beaucoup de personnes sont présentes sur tous les points, en sorte que les secours sont instantanés. Ces secours se composent d'un sapeur de chaque côté de chaque cintre et d'un sapeur de chaque côté de la scène; plus de dix sapeurs pour chacune des pompes existant dans le théâtre.

Après le jeu, il se fait une ronde par le sous-officier qui commande le détachement arrivé pour le jeu, le caporal de

nuit et un des administrateurs du théâtre,
afin de s'assurer qu'il n'y a pas de danger
pour la nuit et faire éteindre toutes les lumières. Cette ronde faite, il reste au théâtre un caporal et deux hommes ; les sapeurs montent la garde et le caporal fait
des rondes.

Dans presque tous les théâtres qui ont
été incendiés, le feu s'est manifesté après
le jeu, et a été attribué à la malveillance.

Pour mettre les sapeurs en position de
pouvoir agir, on leur donne des éponges
à mains, des éponges à perche, des croissans, des seaux remplis d'eau, afin de
pouvoir éteindre tout commencement de
feu qui se manifesterait à une petite distance d'eux ; mais comme ces moyens seraient bien loin d'être suffisans, on a
placé dans les théâtres des appareils permanens qui consistent :

1°. En réservoirs,

2°. En colonnes en charges ou colonnes
de chute,

3°. En colonnes d'ascension.

● Les réservoirs sont placés dans les points les plus élevés des parties de maçonneries, afin de pouvoir être assis convenablement pour la solidité et donner la plus grande pression possible ; leur grandeur varie suivant le nombre de colonnes de chute, ou la grandeur du théâtre.

Les colonnes en charge ou de chute sont celles qui sont alimentées par les réservoirs et destinées à agir instantanément, parce qu'il suffit de tourner le robinet du boisseau pour que l'eau arrive à la lance par son poids et que le sapeur puisse agir ; mais il est à remarquer que, soit à cause des frottemens, des coudes, et du peu de hauteur des réservoirs, presque toutes ces colonnes sont d'un secours peu efficace, parce que le jet est peu considérable.

On peut remplacer très utilement ces colonnes de chute par l'appareil Guérin, que nous décrirons plus bas.

Les colonnes d'ascension sont celles qui sont alimentées par les pompes placées dans les caves , dont les aspirals plongent dans de grands réservoirs souterrains. Ces pompes sont manœuvrées par les sapeurs de représentation ou par des bourgeois, si c'est hors de la représentation , et l'eau arrive à la lance du sapeur de faction, soit sur le théâtre, soit dans les cintres.

Pour que l'eau arrive à la lance de la colonne d'ascension, après le coup de sonnette d'alarme , il se passe une minute et demie , parce qu'il faut ce temps à l'eau pour parcourir une distance de cinquante à soixante pieds de hauteur verticale ; or, ce temps étant bien long dans un cas d'incendie, on a remédié à cet inconvénient en faisant toujours tenir les boyaux en charge pendant le jeu.

Pendant le jeu chaque sapeur en faction est près d'une armoire dans laquelle se trouvent tous les moyens de secours;

les boyaux sont déployés et le sapeur prêt à agir.

Les colonnes d'ascension sont d'un très bon effet parce que le jet est fort, continu et qu'on peut arriver à porter l'eau abondamment sur les points les plus élevés de l'édifice.

Des fêtes particulières et publiques.

Dans les grands salons où l'on donne des fêtes, ainsi que dans les fêtes publiques, pour lesquelles on fait des constructions particulières, où l'on place une grande quantité de tentures et de lumières, il peut arriver de graves accidens : nous l'avons vu à la fête donnée par le prince de Swartzemberg à Paris en 1810.

Dans ce cas on ne peut pas avoir des établissemens fixes, mais on dispose à l'avance des pompes mobiles, dont l'emplacement est déterminé, et qu'on masque avec des tentures. Il faut que les sapeurs soient placés dans l'intérieur, et cela ne doit pas effrayer; au contraire cela doit rassurer; s'ils étaient en dehors et qu'un accident arrivât, le public se précipitant au dehors, empêcherait les sapeurs d'entrer, et tout secours deviendrait inutile, ce qui arriva pour ce même motif en 1810.

Les angles sont les points à choisir pour la position des sapeurs de garde, parce que les encoignures donnent des espaces pour les placer sans gêner personne, et que l'éloignement des portes de communication leur permet d'agir plus librement.

Les pompes doivent être placées près des réservoirs d'eau les plus voisins.

Nota. On appelle cave dans un théâtre, le lieu souterrain et voûté, où se trouvent les pompes et les sapeurs qui doivent les manœuvrer pendant la représentation. Ils sont placés ainsi pour pouvoir manœuvrer jusqu'à la dernière extrémité, n'ayant pas de risques à courir de la chute des matériaux et ayant une porte de retraite.

Meules de blé, de foin.

Les meules de foin ou de blé sont cy-
lindriques et recouvertes par une partie
conique ou toiture. Cette toiture est formée avec de la paille placée en long ; or,
lorsque le feu prend à ces amas, la partie
la plus susceptible de s'enflammer rapidement est celle qui forme la toiture, parce
que la paille est moins tassée et placée en
long; c'est aussi l a partie la plus dangereuse
parce qu'elle est la plus élevée. Il faut
donc s'occuper de la préserver en premier lieu : les parties formant le pourtour
du cylindre étant fortement tassées, la
combustion n'attaquera que la superficie,
qui brûlera lentement, la flamme ne pouvant pénétrer dans l'intérieur. En jetant
une grande quantité d'eau sur la toiture
et le plus possible dans la partie supérieure, cette eau, après avoir éteint la
partie supérieure, coulera en nappe, ne

sera pas perdue puisqu'elle viendra humecter les parois du cylindre, et l'on parviendra ainsi à maîtriser le feu : on s'occupera ensuite à éteindre le feu qui serait autour de la meule ; et surtout à la rencontre de la toiture avec le cylindre de la meule.

Cette opération faite, il faudra déblayer la meule pour être sûr que le feu ne couve pas ; pour sauver les parties qui n'ont pas été en contact avec le feu et qui se gâteraient. Pour cela on montera sur la meule, on retirera ces denrées couche par couche, en commençant par la partie supérieure, afin d'éviter les éboulemens et la propagation du feu. On les divisera ensuite sur le terrain pour découvrir tous les points attaqués et les éteindre.

On pourrait pour plus de sécurité recouvrir les parois de la meule et la toiture avec de la boue, en sorte que dans les premiers momens le feu ne ferait que de faibles progrès, et il serait facile de s'en rendre maître.

Au lieu de faire des meules très élevées, il faudrait, le plus possible en faire
un plus grand nombre peu élevées et à une
certaine distance l'une de l'autre ; par ce
moyen on éviterait de grandes pertes si le
feu ne prenait qu'à une seule ; d'ailleurs
dans ce cas on pourrait avoir un moyen
facile de se rendre maître du feu. On aurait une toile à voile avec quatre anneaux
aux angles ; on aurait des perches à croc
de la hauteur du point le plus élevé de la
meule. Au moment où le feu se déclarerait on mouillerait cette toile, on l'enlè-
verait par les quatre angles avec les perches dont les crochets seraient passés dans
ses anneaux et on la placerait sur le faî-
tage en la laissant retomber sur toute la
toiture, alors en tirant sur les angles avec
les crocs, on interceptait l'air sur la toiture qui est la partie la plus combustible,
et l'on se rendrait facilement maître du
feu, en continuant à jeter de l'eau sur
cette toile.

Magasins aux fourrages.

———

Dans les magasins de fourrages, si le feu prend dans un point, il faut immédiatement porter les secours à droite et à gauche du point embrasé en déblayant sur une largeur de quelques mètres et établir une nappe d'eau dans chacune de ces tranchées pour empêcher le feu de se communiquer aux parties voisines.

Construction des maisons de villages.

———

Dans les villages dont les maisons sont recouvertes en chaume, il faut éviter dans la construction de faire reposer les poutres des planchers sur les murs mitoyens : il faut les placer sur des chevêtres, afin que le feu ne puisse se communiquer par ces poutres d'une main à l'autre; il faut aussi éviter de faire reposer les pannes des combles sur le mur mitoyen par la même raison, et placer une ferme adossée au mur mitoyen pour supporter ces pannes; enfin il faut élever le mur mitoyen au-dessus de la toiture de deux pieds au moins, afin que la flamme de chacune ne se communique que difficilement d'une maison à l'autre lorsque le vent porte dans le sens de la rue; d'ailleurs les travailleurs pourront se placer derrière ces murs à l'abri du feu, et opérer avec plus de sécurité et efficacement, pour éteindre le feu au point du contact des deux maisons, et empêcher ainsi sa propagation.

Ce que nous venons de dire pour la construction des maisons dans les villages peut aussi être appliqué utilement dans la construction des maisons de grandes villes.

Les sapeurs doivent être munis d'éponges à main, à perche, de croissants, de seaux pleins placés à leurs côtés.

Incendies dans les villages.

Dans les petits villages on opérera de la même manière que dans les villes ; la seule différence c'est que les bâtimens ayant moins de valeurs et les couvertures étant généralement en chaume, ce qui fait que le feu se propage avec une grande rapidité et pourrait gagner un grand nombre d'habitations, avec d'autant plus de facilité que les secours viennent souvent de lieux éloignés, on doit faire immédiatement un isolement en sacrifiant une maison.

Du rideau de fer.

Le rideau métallique doit être en réseau et non plein, comme l'a dit M. Darcet dans sa brochure sur le théâtre de l'Odéon ; parce que cette fermeture suffit pour arrêter les parties enflammées qui pourraient passer de la salle au théâtre et réciproquement ; que ce réseau métallique s'échauffera peu à cause du courant d'air continuel qui le rafraîchira ; que les sapeurs-pompiers, pourront à travers les mailles lancer encore sur le foyer une grande quantité d'eau, et qu'enfin, chose essentielle, il s'établira un courant d'air du point non incendié à celui qui le sera, courant qui portera tout le danger sur un seul point ; il faut donc conserver ce courant et l'augmenter même s'il est possible, attendu qu'il entraînera la fumée vers le foyer et laissera le reste du terrain praticable pour les travailleurs.

Le rideau plein au contraire s'échaufferait facilement, rougirait même et pourrait communiquer le feu au côté opposé au foyer ; il empêcherait de pouvoir agir de la salle sur le théâtre et réciproquement. D'ailleurs à cause da sa grande surface et de sa légèreté obligée pour la ma-

nœuvre, il résisterait difficilement à la
pression de l'air.

Ce rideau d'ailleurs coûterait infiniment plus cher que celui en réseau métallique.

APPAREIL-GUÉRIN.

Fig. 21.

———

L'appareil Guérin a pour but de comprimer l'air dans un réservoir, à trois atmosphères environ, et de lancer l'eau par
l'effet de cette pression, ce qui permet de
la projeter à une grande hauteur.

A cet effet il y a trois réservoirs H, I, K
qui peuvent ne pas être de même forme,
mais doivent être de même capacité; ils
sont réunis par des tuyaux. On ferme le
robinet A ; avec une pompe, on fait monter l'eau dans le tuyau M, elle tombe
dans le réservoir H, et de là dans le conduit L et s'arrête en A ; tout l'air contenu

dans le tuyau L remonte dans le réservoir H et passe de là dans le tuyau Q ; le robinet C étant ouvert ; l'eau ayant rempli le tuyau L et le réservoir H , entre dans le conduit Q , de là passe dans le réservoir I et le tuyau NR ; l'air contenu dans NR remonte et passe dans le tuyau O ; l'eau ayant rempli le tuyau NR et le réservoir I , entre dans le tuyau O ; par conséquent tout l'air qui était contenu dans le tuyau L , dans le réservoir H , dans le tuyau Q, dans le réservoir I , dans le tuyau NR et dans le tuyau O , se trouve refoulé dans le réservoir K ; or, comme ces trois réservoirs étaient de même capacité, le réservoir K recevant tout l' air que contenaient les trois réservoirs , cet air est nécessairement trois fois plus comprimé.

Si maintenant on ouvrait le robinet A , l'air contenu dans le réservoir K étant comprimé par le poids de deux atmosphères , en sus ; ferait rétrograder l'eau du tube L et du réservoir H qui ne représente qu'une atmosphère ; mais en fermant le robinet C et adaptant un tube pour mettre le réservoir H en communication avec l'air extérieur, la pression sur A deviendra de deux atmosphères : des deux côtés il y aura équilibre. Il y aura donc une réaction égale à trois atmosphères, opérée par l'air du réservoir K sur l'eau du réservoir I ; si donc on ouvre un des robinets D, E, F, l'eau jaillira avec l'effort de trois atmosphères et par conséquent sera lancée à une grande hauteur.

En remplaçant donc les colonnes de chute ordinaires, par l'appareil Guérin, on aura un secours des plus efficaces et instantané, puisque le sapeur n'aura qu'à ouvrir un robinet.

Le réservoir I contenant une quantité d'eau capable de permettre la manœuvre pendant quelques minutes, on n'aura plus que le temps nécessaire pour faire arriver l'eau de la cave, à la lance de la colonne d'ascension, et par conséquent la manœuvre ne sera pas interrompue un seul instant.

Consigne générale pour le service des théâtres.

———

ART. PREMIER.

Les détachemens de service dans les théâtres devront toujours être arrivés un quart d'heure avant l'ouverture des bureaux de recette.

ART. II.

Le caporal de grand'garde vérifiera si tous les objets du matériel portés sur l'inventaire déposé dans les postes, sont placés où ils doivent être et s'ils sont en bon état; il visitera également les bornes-fontaines et les réservoirs.

ART. III.

A l'ouverture des bureaux, le sous-of-

ficier commandant fera prendre les postes : les hommes de grand'garde seront
employés de préférence à ceux des théâtres ou des cintres.

ART. IV.

Les factionnaires seront conduits à leurs
postes par les sous-officiers, qui leur donneront les consignes et examineront si, à
chaque poste, le boisseau est en bon état,
la clé bien tournée, les boyaux bien placés, les éponges humides, les croissans et
les haches en bon état.

ART. V.

Quand les postes sont pris, le commandant du détachement fera sonner à toutes
les armoires, afin de s'assurer de la solidité des fils de fer ; ensuite il fera manœuvrer les pompes jusqu'à ce que l'eau arrive aux réservoirs supérieurs, et que
ceux-ci soient pleins.

ART. VI.

Les factionnaires s'occuperont de surveiller les portans de lumière, les herses
et les pièces d'artifice pendant le spectacle, et particulièrement pendant les changemens de décorations. Ils ne laisseront
pas déposer des décorations ou autres
accessoires du théâtre devant leur armoire; s'ils éprouvaient de la part des
employés du théâtre quelques difficultés
pour l'exécution de cette dernière disposition, ils en préviendraient sur le champ
le commandement du détachement, qui
en référera au commissaire de police de
service.

ART. VII.

Les factionnaires ne quitteront leurs
postes qu'à l'extinction des lumières, et
après avoir développé les boyaux des colonnes en charge; ensuite, le sous-officier
de service, avec le caporal de grand'garde,
fera une ronde dans les dessous du thé-

âtre, afin de s'assurer qu'aucune lampe n'y reste allumée et qu'il n'y a aucun danger.

Ce ne sera qu'après avoir fait cette ronde, et après l'entière extinction des lumières du théâtre, du lustre, de la rampe et de l'orchestre, et après que le développement des boyaux des colonnes en charge aura été fait, que l'officier ou sous-officier commandant fera partir le détachement.

ART. VIII.

Après le départ du détachement, un caporal, assisté d'une personne attachée à l'administration du théâtre, fera une ronde générale.

ART. IX.

Pendant toute la nuit, toutes les armoires seront ouvertes. Pendant le jour, les boyaux seront reployés et les armoires fermées à l'exception d'une des armoires de colonne de chute sur le théâtre.

ART. X.

Pendant le jour et la nuit, le temps de la représentation excepté, il sera placé une sentinelle sur le théâtre; elle sera en tenue le jour, et en bonnet de police la nuit ; elle sera armée de son sabre, elle aura dans sa poche une clé de toutes les armoires. Pendant la nuit, son casque sera placé en un point déterminé pour chaque théâtre, et autant que possible, près de la lampe de nuit ; en tout temps, il y aura une hache placée au même point.

ART. XI.

Dans les théâtres où il y a un caporal et plus de deux sapeurs de grand'garde, le caporal ne fera que des rondes pendant la nuit ; en outre il posera et relèvera la sentinelle.

Dans les théâtres où la grand'garde est composée d'un caporal et de deux sapeurs, le caporal restera en surveillance sur le théâtre pendant les deux heures

qui suivront la ronde prescrite, art. VIII ; il
fera en outre des rondes fréquentes dans
le théâtre.

ART. XII.

Les caporaux de grand'garde devront
faire prendre les postes des colonnes en
charge, lors des répétitions avec lumière,
lorsqu'il n'aura pas été commandé de détachement extraordinaire ; ils feront prévenir le commissaire de police des répétitions qui devront avoir lieu avec lumières
aux portans, ou artifices ; ils feront connaître aux hommes de service tous les établissemens, les réservoirs, tous les secours
qui sont à leur disposition, et le parti
qu'on peut en tirer ; ils leur appren-
dront comment les pompes et les colonnes en charge sont alimentées, et le
moyen d'employer une pompe aspirante
comme foulante. Ils leur feront connaître
aussi la manière d'ouvrir les bornes-fontaines qui environnent les théâtres, et les

diverses issues qui donnent accès au théâtre et dans la salle ; ils ne devront rien
omettre pour que les hommes placés sous
leurs ordres soient en état de les secon-
der avec intelligence, en cas d'événement.

Consigne pour les hommes placés au
théâtre, sur les ponts et dans les
cintres.

Lorsque l'on sonne à votre poste, il
faut sonner à celui qui est au-dessous du
vôtre. Si le feu se manifeste, et que vos
seaux, vos éponges, et votre croissant
soient insuffisans pour l'éteindre promptement, vous sonnez, tournez la branche
de la clé du boisseau devant vous, prenez les boyaux à brassée, sortez-les de
l'armoire, et développez-les de manière
que l'eau puisse circuler librement, et
qu'ils ne puissent être atteints par le feu.

Quand vous vous servirez d'une colonne en charge, vous n'ouvrirez le robinet qu'après avoir développé les boyaux.

Consigne pour le chef qui commande la manœuvre de la pompe.

Lorsqu'on sonnera à votre poste, vous
ferez aussitôt manœuvrer la pompe dont
la sonnette aura été entendue, et ferez
cesser la manœuvre lorsque vous enten-
drez un nouveau coup de sonnette.

Consigne pour la sentinelle de jour et de nuit.

Si le feu se manifeste dans quelques
parties du théâtre ou de la salle, vous
sonnerez de suite pour avertir les sapeurs
qui sont au poste, et les employés du
théâtre, qui sont logés dans l'intérieur;
en attendant leur arrivée, vous emploie-
rez tous les secours qui sont à votre dis-

position, et particulièrement les colonnes en charge.

Consigne pour le poste pendant le jour et la nuit, le temps de la représentation excepté.

Dès que la sonnette d'alarme se fait entendre, le caporal suivi de toute la garde se transportera vivement auprès de la sentinelle, reconnaîtra le feu, et si cela est nécessaire, le fera attaquer avec tous les jets provenant des colonnes en charge; il réunira ensuite le plus de monde qu'il lui sera possible, pour faire manœuvrer les pompes. Si avec tous ces moyens, il ne peut pas s'en rendre maître, il criera : au feu! et fera tout ce qui dépendra de lui pour faire prévenir promptement le commissaire de police, et la caserne du corps la plus près du théâtre.

Observations sur les différentes ma-
nières dont on croit devoir éteindre
les incendies.

———

En province et dans la banlieue de Paris, on a l'habitude, et l'on trouve tout
simple, d'abattre dès le commencement
d'un incendie, toutes les charpentes enflammées et de faire ce qu'on appelle la
part du feu.

Cette manière d'opérer est très mau-
vaise et prouve que les sapeurs-pompiers
n'entendent pas leur métier.

En effet, en abattant on met plus de
parties à découvert, on donne de l'aliment
au feu ; d'ailleurs une pièce de bois brûle
moins vite en l'air et debout, que lorsqu'elle repose sur le foyer ; debout elle
n'est qu'effleurée et charbonnée, et en la
noircissant on peut la conserver.

D'un autre côté, si ceux qui font jouer
la hache ne connaissent pas bien la valeur

de chaque pièce de charpente et la nature de la construction de l'édifice embrasé, ils peuvent causer de graves accidens par la chute de ces charpentes, et ébranler le bâtiment; ils encombrent en outre tous les dessous et gênent les manœuvres.

Comme nous l'avons dit plus haut, on ne doit employer la hache qu'à la dernière extrémité.

Les sapeurs-pompiers de Paris ne considèrent un feu comme ayant été bien attaqué, et les dispositions bien prises, que lorsque les charpentes sont restées debout après avoir été charbonnées. Cela prouve en effet que si l'intensité du feu eût été moins grande, les secours avaient été dirigés de manière à produire un heureux résultat, puisque malgré toute sa violence, on a pu empêcher qu'il ne dévorât tout.

Du sauvetage.

Nous avons dit que pour sauver les personnes dans les étages incendiés, lorsque les escaliers sont impraticables, on se servait du sac de sauvetage ; mais il est bien entendu que si l'on avait beaucoup de personnes à sauver à la fois, et qu'il y en eût d'assez hardies et d'assez adroites, pour pouvoir descendre avec des échelles à crochets, des échelles de cordes, des cordes à nœuds, des cordes lisses, des brassières, etc., on se servirait de tous ceux de ces moyens qu'on aurait à sa disposition.

Nomenclature des objets qu'on doit avoir en magasin.

———

Les objets nécessaires au service du Corps des Sapeurs-Pompiers et qu'on doit toujours avoir en approvisionnement dans les magasins, sont :

Chariots.
Pompes.

Tamis.

Boudins.

Vis de boudins.

Demi-garnitures.

Lances.

Raccordemens.

Pièces à deux vis.

Leviers.

Cordages.

Haches.

Chapeaux couverts.

Tuyaux d'aspiration.

Tonneaux.

Flambeaux.

Falots de ronde.

Seaux à incendie.

Éponges à main.

Éponges à perche.

Perches à croissant.

Échelles à crochets.

Sacs de sauvetage.

Appareil-Paulin.

Objets qui servent à compléter ceux qui précèdent :

Roues de chariots.

Bâches ou couvertures de pompe.

Tricoises pour serrer les raccords.

Clés de bornes-fontaines.

Esses de chaînes.

Boîtes de raccordemens.

Viroles de cuivre.

Viroles à collet.

Boucles à collets.

Ligatures.

Robinets de tonneaux.

Roues de tonneaux.

Goudron.

Sain-doux.

Vieux oing.

Huile.

Réchaud.

Marmite.

Brosses.

*Détails des diverses manœuvres de la
pompe et motifs qui les ont déterminées.*

———

Lorsqu'un poste est prévenu qu'un incendie a éclaté sur un point, les sapeurs
sortent la pompe de la remise (1), s'attèlent
au chariot et se transportent avec toute la
célérité possible sur le lieu de l'incendie.

Pour prendre leurs positions près de la
pompe, et faire, en marchant, tous les
mouvemens que comporte le trajet à parcourir, prévenir les accidens que la nature du terrain peut occasioner, et rendre enfin la fatigue moins grande, il a
fallu donner aux sapeurs des principes.

Ce sont les détails suivans qui formeront l'objet de la première leçon.

La pompe étant chargée comme nous
l'avons vu page 157, doit toujours être

———

(1) Lorsqu'une pompe est dans la remise, elle
repose à terre sur la tête de la flèche.

conduite et manœuvrée par trois hommes
au moins ; sur ces trois hommes, l'un est
ordinairement caporal et est chef de
pompe ; les deux autres sont simples
sapeurs, et s'appellent, l'un premier
servant, l'autre deuxième servant ; les
fonctions de ces trois hommes sont bien
distinctes dans la manœuvre, et ils sont
indispensables pour exécuter tous les mouvemens ; les autres sapeurs ou bourgeois,
si l'on s'en sert pour manœuvrer à l'eau,
ne sont considérés que comme travailleurs.

PREMIÈRE LEÇON.

*Mouvemens de la pompe placée sur le
chariot.*

———

Le commandant, quel que soit son grade,
ayant désigné les hommes qui doivent

manœuvrer une pompe et les fonctions que chacun doit remplir, fera porter les hommes près de cette pompe et pour cela il commandera :

A la pompe.

A ce commandement le premier servant sera placé par le chef de pompe à la gauche de la flèche en avant de la traverse, la touchant avec les talons ; en le plaçant on lui indiquera qu'il est premier servant.

Le deuxième servant sera placé à la droite de la flèche devant la traverse, les talons la touchant ; en le plaçant on lui indiquera qu'il est deuxième servant.

Le chef se placera ensuite devant le premier servant à un pas de lui.

L'instructeur voulant faire prendre à chacun la place qu'il doit oocuper pour la manœuvre commandera :

A vos postes.

Fig. 3.

Fig. 3. A ce commandement, le chef

de pompe fera un à-gauche et se portera rapidement et en rasant la roue gauche du chariot, à un pied en arrière de ce chariot, du côté gauche de la pompe.

Le premier et le deuxième servant feront un pas en arrière en élevant un peu les pieds, et partant du pied gauche; ils se placeront entre la pompe et la traverse de la flèche, les talons réunis, la pointe des pieds à 6 pouces de la flèche.

L'instructeur voulant faire lever la flèche, commandera :

1. *Garde à vous.*
2. *Sapeurs.*
3. *Au levage.*

Au premier commandement les sapeurs prêteront attention.

Au deuxième ils prendront la position du soldat sans armes.

Au troisième le chef ne touchera pas ; le premier et le deuxième servant se baisseront simultanément, saisiront la traverse de la flèche, dans les deux mains, comme l'indique la figure 4, pour les deux servants, les ongles en dessous, la main du côté de la flèche, touchant la tête de la flèche ; ils se relèveront ensuite ensemble, maintiendront la traverse de la flèche à hauteur de ceinture, les coudés au corps et le haut du corps un peu en avant.

Conversion de pied ferme, dans la position de la marche en avant, la pompe étant sur son chariot.

Tourner à droite.

L'instructeur voulant faire tourner à droite, commandera :

1. *Tournez à droite.*
2. *Marche.*

Fig. 4.

Fig. 4. Au premier commandement, le chef passera à la droite, portera la main gauche sur le cordon de la bâche et saisira de la droite le rais supérieur le plus rapproché de la position verticale ; il se fendra en même temps du pied droit à 18 pouces en avant et à 6 pouces sur la droite.

Au deuxième commandement, le chef résistera fortement de la main droite, tant que durera le mouvement et les deux servans décriront un quart de cercle en partant vivement du pied droit.

Par ce moyen le chariot pivotera sur la roue droite.

Le mouvement achevé, les deux servans et le chef reprendront leur position.

Tourner à gauche.

L'instructeur voulant faire tourner à gauche, commandera :

1. *Tournez à gauche.*
2. *Marche.*

Fig. 4.

Au premier commandement le chef

portera la main droite sur le cordon de la bâche, saisira avec la main gauche le rais supérieur le plus rapproché de la verticale, se fendra du pied gauche à dix-huit pouces en avant, et six pouces sur le côté gauche.

Au deuxième commandement, le chef résistera de la main gauche tant que durera le mouvement ; les deux servans décriront un quart de cercle en partant vivement du pied gauche.

De cette manière le chariot pivotera sur la roue gauche.

Le mouvement étant terminé, le chef et les deux servans reprendront leur position.

Demi-tour à droite et demi-tour à gauche.

L'instructeur voulant faire faire les demi-tours, commandera :

1. *Demi-tour à droite (ou à gauche).*
2. *Marche.*

A ces deux commandemens le chef et

les deux servans agiront comme ils l'ont fait pour les à-droite et les à-gauche, sauf qu'au lieu de ne faire décrire au chariot qu'un quart de cercle, on lui fera décrire un demi-cercle.

Mouvemens en arrière.

Si l'instructeur veut faire exécuter les mêmes manœuvres dans la position de la marche en arrière ; il commandera :

1. *En arrière.*

Fig. 5.

A ce commandement, le chef passera de l'arrière à l'avant, et se placera au côté gauche de la pompe entre elle et la traverse de la flèche, à un pied du chariot ; les deux servans passeront en même temps du dedans au dehors de la traverse de la flèche, en passant par les côtés, maintenant la traverse à hauteur de ceinture, le premier servant avec la main

droite et le second avec la main gauche,
faisant face en arrière et les pieds à neuf
pouces environ en avant de la traverse ; ils
saisiront alors la traverse à deux main, les
ongles en dessous, le haut du corps en
avant.

L'instructeur voulant faire tourner à
droite, commandera :

1. *Tournez à droite.*
2. *Marche.*

Au premier commandement, le chef
portera la main gauche sur le cordon de
la bâche, saisira de la main droite le rais
supérieur de la roue le plus rapproché de
la position verticale, comme l'indique la
fig. 4. pour le chef, se fendra du pied
droit à 18 pouces en avant et 6 pouces
sur le côté.

Au deuxième commandement, le chef
résistera de la main droite, tant que durera
le mouvement ; les deux servans se porteront vers la gauche en partant du pied

gauche, et feront décrire à la pompe un quart de cercle.

Le mouvement achevé, le chef et les deux servans reprendront leur première position.

L'instructeur voulant faire tourner à gauche commandera :

1. *Tournez à gauche.*
2. *Marche.*

Ce mouvement ne pourra pas se faire par le même principe que pour tourner à droite, ce qui a eu lieu dans la position de la marche en avant, parce que la flèche ne permet pas au chef de se porter à volonté sur le côté droit ou sur le côté gauche de la pompe.

Dans cette situation le chef ne change pas de place, mais au premier commandement, au lieu de saisir le rais avec la main droite, il appuie cette même main sur la bande de la roue, comme l'indique la *fig.* 6 pour le chef, tenant toujours le cor-

24

don de la bâche avec la main gauche, et se
fendant du pied droit dix-huit pouces en
avant et six pouces sur la côté.

Au deuxième commandement le premier et le deuxième servant tourneront à
gauche et le chef poussera la roue tant que
durera le mouvement.

Le mouvement étant terminé, le chef
et les deux servans reprendront leur première position.

Demi-tours.

Si l'instructeur veut faire faire demi-tour
à droite (ou à gauche), il commandera :

1. *Demi-tour à droite* (ou *à gauche*).
2. *Marche.*

Les demi-tours se feront d'après les
mêmes principes que les tournez, sauf
que le chariot devra décrire un demi-cercle au lieu d'un quart de cercle.

MARCHES DIVERSES.

L'instructeur voulant de nouveau faire marcher en avant, commandera :

1. *En avant.*
2. *Marche.*

Fig. 6.

Au premier commandement le chef passera de l'avant à l'arrière, en obliquant de deux pas à droite, se portant en avant et faisant un à-gauche, lorsqu'il sera arrivé à hauteur de l'arrière du chariot.

Les servans, le premier par un à-gauche, le deuxième par un à-droite, se placeront entre la pompe et la traverse de la flèche, en soutenant la traverse à hauteur de ceinture, le premier de la main gauche, le second de la main droite, la reprenant ensuite à deux mains, les ongles en dessous, les coudes au corps, le corps en avant, la pointe des pieds à 6 pouces de la traverse.

Au deuxième commandement le chef
aidera les deux servans à entraîner la
pompe : à cet effet il placera sa main
droite sur le cordon de la bâche et sa
main gauche sur la plate-bande de la
roue, afin de lui imprimer le mouvement.
Le chef et les servans partiront du pied
gauche.

Lorsque l'on aura un long espace à
parcourir et que le terrain sera inégal, le
chef se transportera tantôt à droite, tantôt à gauche, pour aider à la marche ; il
se tiendra de préférence du côté où le terrain serait incliné afin d'empêcher la
pompe de verser.

Lorsque l'instructeur voudra faire passer du pas ordinaire au pas accéléré, ou
au pas de course, il en fera le commandement.

Changemens de direction.

Dans la marche en avant ou dans celle
en arrière, l'instructeur commandera :

1. *Tournez à droite* (ou *à gauche*).
2. *Marche.*

Au premier commandement le chef passera immédiatement du côté de la conversion pour soutenir la pompe, mais ne posera pas sa main sur la plate-bande de la roue, parce qu'il ne doit pas aider au mouvement.

Les deux servans tourneront à droite ou à gauche, comme dans les conversions de pied ferme. Il est pourtant à remarquer qu'en conversant en marchant, la roue ne doit jamais pivoter, mais bien décrire un arc de cercle plus ou moins grand, parce que dans le cas où l'on irait précipitamment, on risquerait de renverser la pompe. La conversion terminée on reprendra la marche en avant ou en arrière.

Dans la marche en arrière, le chef ne pourrait pas toujours se porter du côté de la conversion, à cause de la flèche qui l'en empêcherait; mais la marche en arrière ne se fait jamais que pour quelques pas, et pour rectifier une position, parce qu'on aurait plus de facilité à faire un demi-tour et reprendre la marche en avant, si la distance à parcourir était longue.

L'instructeur voulant faire passer de la marche en avant à celle en arrière, commandera :

1. *Sapeurs,*
2. *Halte.*
3. *En arrière,*
4. *Marche.*

Fig. 5.

Le chef aura soin de faire le deuxième commandement au moment où les hommes poseront l'un quelconque des deux pieds à terre : les servans s'arrêteront en faisant une retraite du corps pour retenir la traverse ; le chef abandonnera le cordon de la bâche et les deux servans rapprocheront les deux talons.

Au troisième commandement le chef et les servans passeront de l'avant à l'arrière comme on l'a indiqué précédemment.

Au quatrième commandement les sapeurs se porteront en avant en partant du pied gauche, le chef portant la main gauche sur le cordon de la bâche et la main droite sur la plate-bande de la roue pour lui imprimer le premier mouvement.

L'instructeur voulant faire arrêter la pompe, et mettre flèche à terre, commandera :

1. *Sapeurs, halte,*
2. *Flèche à terre.*

Fig. 3.

Au premier commandement les sapeurs s'arrêteront, comme nous l'avons dit plus haut.

Au deuxième ils se baisseront ensemble, poseront légèrement la tête de la flèche à terre, et se relèveront aussi ensemble, prenant la position du soldat sans armes.

Le même mouvement s'exécuterait et de la même manière, si l'on arrêtait la pompe dans la marche en arrière.

Si dans cette situation, l'instructeur veut faire reprendre la marche, il commandera au levage sans avoir fait changer les hommes de position.

Lorsque l'instructeur voudra faire faire repos, il commandera :

1. *En place, repos,* ou simplement *repos,*

suivant qu'il désirera que les hommes se reposent plus ou moins long-temps.

Il fera reprendre la manœuvre en commandant :

Fig. 3.

1. *A vos postes.*
2. *Garde à vous.*
3. *Sapeurs.*

Lorsqu'il voudra commencer, il commandera :

1. *Au levage.*

Fig. 4.

DEUXIÈME LEÇON.

———

Lorsque les sapeurs sont arrivés sur le lieu de l'incendie avec la pompe et le chariot, que le chef a fait sa reconnaissance et reconnu que la pompe doit être mise en manœuvre, il faut la poser à terre sur son patin, attendu qu'elle ne peut être manœuvrée sur le chariot.

Les principes nécessaires pour séparer promptement, facilement et sans danger, la pompe du chariot, formeront l'objet de la deuxième leçon, dont les détails suivent.

Cette manœuvre se fera en cinq temps.

L'instructeur voulant faire mettre la pompe à terre, commandera :

Exercice en cinq temps.

1. *En manœuvre.*

Fig. 3.

Les sapeurs étant placés à la pompe, chacun à la position qui lui a été assignée dans la première leçon, le chef passera de l'arrière à l'avant par le côté gauche de la pompe, viendra se placer devant la tête de la flèche faisant face en arrière ; il décrira dans cette marche un arc de cercle, afin de ne pas rencontrer le premier servant.

Le premier servant fera un à-gauche, le deuxième un à-droite, et tous deux se porteront à hauteur du centre des roues, faisant face à la pompe et à 6 pouces des moyeux.

2. *Déchaînez.*

Le chef portera le pied gauche en avant

et le placera sur la flèche, de manière que le talon soit à hauteur de la traverse ; dans cette position il se baissera précipitamment, saisira la chaîne de l'avant de la main droite, la détachera du crochet du heurtoir et de celui de la flèche, l'attachera au crochet de l'entablement et reprendra sa première position ; cette opération terminée le premier servant se portera à l'arrière de la pompe, et retirera l'échelle qu'il placera à quelques pas en arrière en travers du chariot ; le chef retirera le cordage qui est dans le côté gauche de la bâche. Le deuxième servant débouclera la bretelle qui tient la hache, la retirera, et tous deux porteront ces objets à deux pas derrière la place du deuxième servant. Le chef reprendra sa place à la tête de la flèche ; le premier et le deuxième servant se porteront à l'arrière de la pompe à hauteur de la barre d'arrêt. Le premier ôtera la clavette de la main gauche, enlèvera la barre d'arrêt de la main droite et la passera au deuxième servant qui la recevra de la main gauche, la fixera sur la patte à tige située sur le flasque droit du chariot ; cette opération terminée, ils se replaceront devant les roues et à 6 pouces de distance des moyeux.

3. *Au levage.*

Fig. 4.

Le chef se baissera brusquement, saisira la traverse de la flèche entre les deux mains, les ongles en dessous, les mains joignant la flèche, et se relèvera en la maintenant à hauteur de ceinture, les coudes au corps.

A cet instant le premier servant placera la main droite sur le milieu du cordon de la bâche et la gauche à la partie cintrée de l'avant : il se fendra du pied droit à un pied de distance du gauche.

Le deuxième servant en fera autant, mais en sens inverse.

4. Pompe à terre.

Fig. 7.

Le chef lèvera la traverse de la flèche autant que la longueur de ses bras le lui permettra et ne l'abandonnera que lorsqu'il sentira qu'il ne repose plus que sur la pointe de ses pieds ; aussitôt il se portera en avant, présentera l'épaule droite qu'il placera sous la flèche, et saisira en même temps la naissance du heurtoir avec la main gauche, et le talon du même avec la main droite. Dans cette position, il aura le corps penché en avant et sera fendu du pied droit. Dans ce mouvement, le premier et le deuxième servant maintiendront la bâche en pressant dessus pour empêcher la pompe d'être renversée par la secousse.

5. Otez le Chariot.

Le chef portera le poids du corps en arrière, fera effort sur le heurtoir, pendant que les servants soutiendront la pompe ;

il retirera le chariot qu'il placera dans le
lieu que l'instructeur aura désigné pour
le parc ; il reviendra ensuite se placer devant la pompe, faisant face en arrière ; les
deux servants ayant laissé glisser la pompe
et l'ayant soutenue pour qu'elle ne tombe
pas brusquement à terre, se placeront
devant les deux flancs, lui faisant face.

Exercice précipité en deux temps.

Dans les exercices d'instruction cette
manœuvre se fait en cinq temps, parce
que, pour obtenir de la régularité et de
l'ensemble, il faut décomposer tous les
mouvements ; mais lorsqu'on sera obligé
de la faire au feu, il sera nécessaire de
l'accélérer, et pour cela on exécutera les
trois premiers temps au premier commandement.

Au commandement de deux, on exécutera les deux derniers temps.

Seulement, avant de faire le commandement : *en manœuvre,* le chef comman-

dera : *en reconnaissance,* afin desavoir si la pompe doit être mise en manœuvre.

Au commandement d'en reconnaissance le chef et le premier servant prendront la hache et le cordage, comme nous l'avons indiqué à l'article Reconnaissance ; le second servant déboîtera à droite, pour laisser la facilité au chef de prendre la hache. Lorsqu'ils reviendront, ils placeront la hache et le cordage à deux pas derrière le deuxième servant, comme nous venons de le dire pour la manœuvre en cinq temps, et se remettront à leur place.

Le chef commandera ensuite : *en manœuvre.*

A ce commandement, le chef et les deux servants se placeront, on déchaînera, et l'on fera au levage.

Au commandement de deux on mettra pompe à terre, et on retirera le chariot ; le premier et le deuxième servant porteront l'échelle, la hache et le cordage sur le chariot, et tous les trois reprendront leur place sur le devant et les flancs de la pompe.

TROISIÈME LEÇON.

Mouvemens de la pompe sur son patin.

Lorsque la pompe a été posée à terre, le chef devra, suivant les localités et la nature du feu qu'il doit attaquer, la disposer de telle ou telle manière, la rapprocher ou l'éloigner, la tourner à droite ou à gauche, etc.

Les principes d'après lesquels on doit faire mouvoir la pompe sur son patin, ce qui ne peut se faire qu'au moyen des chaînes, formeront l'objet de la troisième leçon.

Conversions de pied ferme.

La pompe étant à terre et les deux ser-

vants à leurs places, l'instructeur voulant
faire tourner à droite, commandera :

1. *Tournez à droite.*
2. *Marche.*

Fig. 8.

Au premier commandement le chef se
baissera, décrochera la chaîne de l'avant,
attachée au piton de l'entablement, prendra l'extrémité de cette chaîne avec la
main gauche, les ongles en-dessous, portera la main droite en arrière de celle-ci à
18 pouces, les ongles en-dessus, déboîtera à gauche, se placera de manière que
sa chaîne soit à angle droit sur le côté
gauche du patin, afin que toute la force
soit employée lorsqu'on fera effort; il se
fendra ensuite à 18 pouces sur la gauche,
en portant le poids du corps sur la jambe
gauche.

Le premier servant déboîtera à droite,
se baissera, décrochera sa chaîne de son
côté, la saisira comme le chef a saisi celle

de l'avant, fera un à-gauche, se fendra du pied gauche, de manière à ce que la chaîne soit d'équerre avec le côté du patin.

Le second servant posera les mains sur la pompe pour l'empêcher de verser pendant le mouvement.

Au deuxième commandement, le chef et le premier servant feront effort, en partant du pied droit; ils agiront dans le même sens, quoique marchant dans un sens inverse, parce qu'ils tendront tous deux à faire tourner la pompe dans le même sens; ils lui feront ainsi décrire un quart de cercle. Le second servant suivra le mouvement.

L'effort doit se faire d'une manière continue, afin de produire tout son effet, que la pompe n'éprouve pas de secousses, et que les chaînes résistent, tandis qu'elles pourraient se casser, si les hommes agissaient par saccades.

Lorsque le mouvement sera terminé, le chef et le premier servant attacheront les chaînes à l'entablement, et tous trois reprendront la première position.

L'instructeur voulant faire tourner à gauche, commandera :

1. *Tournez à gauche.*
2. *Marche.*

Fig. 8.

Au premier commandement, le chef se baissera, décrochera la chaîne de l'avant, attachée à l'entablement, la saisira à son extrémité avec la main droite, les ongles en-dessous ; portera la main gauche en arrière à 18 pouces de distance les ongles en-dessus ; déboîtera à droite, se fendra du pied droit à 18 pouces, se placera de manière que sa chaîne fasse un angle droit avec le côté droit du patin, et portera le poids du corps sur la jambe droite.

Le second servant déboîtera à gauche, se baissera, déchaînera la chaîne attachée de son côté à l'entablement, la saisira comme le chef a saisi la sienne avec la main droite, fera un à-droite, et tendra sa chaîne dans une direction perpendiculaire au côté droit du patin ; le reste du mouvement se fera comme pour tourner à droite, en partant du pied gauche.

Le premier servant appuiera les mains sur la pompe, pour l'empêcher de verser pendant le mouvement.

Le mouvement terminé, le chef et le second servant attacheront les chaînes à l'entablement, et tous trois reprendront la première position.

Nota. On voit que dans ce mouvement, règle générale les deux sapeurs qui tiennent les chaînes se font face, pour agir dans le même sens quoique tirant en sens inverse, et que la main qui tient le bout de la chaîne est toujours celle qui a les ongles en-dessous, pour rendre la position du corps plus facile.

Demi-tours.

Les demi-tours se feront absolument de la même manière, sauf que la pompe décrira un demi-cercle au lieu d'un quart de cercle.

L'instructeur voulant les faire exécuter, commandera:

1. *Demi-tour à droite (ou à gauche).*
2. *Marche.*

Marche en avant.

L'instructeur voulant faire porter la pompe en avant, commandera :

1. *En avant.*
2. *Marche.*

Fig. 9.

Au premier commandement, le chef se baissera, détachera la chaîne de l'avant, fixée à l'entablement, se relèvera, fera un à gauche, saisira la chaîne par le bout avec la main gauche, les ongles en-dessous, et portera la man droite en arrière à 18 pouces, se fendra du pied gauche 18 pouces en avant, dirigera sa chaîne à angle droit avec l'avant du patin, et portera le poids du corps sur la jambe gauche.

Les deux servants déboîteront le premier à droite, le deuxième à gauche, se baisseront, décrocheront la chaîne chacun de son côté, feront tous deux face à la pompe, saisiront les chaînes par le bout, le premier avec la main gauche, les ongles en-dessous, le deuxième avec la main droite, la deuxième main en-arrière de la première à 18 pouces, les ongles en-dessus, se fendront à 18 pouces, l'un du pied gauche et l'autre du pied droit, et feront faire aux chaînes un angle très aigu avec les grands côtés du patin, afin de ne perdre que peu de force.

Au deuxième commandement, ils partiront tous trois du pied qui est en arrière, en tirant sur les chaînes.

Lorsque l'instructeur voudra les faire arrêter, il commandera :

1. *Sapeurs.*
2. *Halte.*

Au deuxième commandement, le chef

et les deux servants rapporteront le pied
qui est en arrière près de celui qui est devant ; chacun attachera sa chaîne au crochet de l'entablement qui lui correspond,
et tous trois reprendront leurs positions.

Marche en arrière.

L'instructeur voulant faire exécuter la
marche en arrière, commandera :

1. *En arrière.*
2. *Marche.*

Fig. 10.

Au premier commandement, le chef ne
pouvant pas agir avec la chaîne de l'avant
qui est au milieu de l'entablement, et ne
pouvant d'ailleurs, en s'en servant, que dé-
truire l'effet qu'on se propose, puisqu'il
serait seul à agir dans un sens et n'aurait
rien pour le contrebalancer et déterminer
le sens de la résultante de la force, appuiera
ses mains sur le balancier et inclinera son

corps en avant, afin de pousser, en portant le pied droit à un pied en arrière.

Le premier et le deuxième servant dé-boîteront, l'un à droite, l'autre à gauche, se baisseront, décrocheront les chaînes, les saisiront par le bout, l'un avec la main droite, l'autre avec la main gauche, les ongles en-dessous et porteront l'autre main à 18 pouces en arrière, les ongles en-dessus; se fendront à 18 pouces en avant, l'un du pied droit, l'autre du pied gauche; tendront les chaînes de manière à ce qu'elles fassent un angle droit avec le petit côté du patin, et porteront le poids du corps sur la jambe qui est en avant.

Au deuxième commandement le chef poussera avec les deux mains; les deux servants feront effort sur les chaînes, en partant du pied placé en arrière.

L'instructeur voulant les arrêter, com-mandera :

1. *Sapeurs.*

2. *Halte.*

Au deuxième commandement, ils rapporteront le pied de derrière près de celui de devant, les servants accrocheront
les chaînes à l'entablement, et tous trois
reprendront leur première position.

Changemens de direction en marchant.

La marche de la pompe avec les chaînes
ne peut être longue, tant en avant qu'en
arrière, puisqu'elle n'est faite que pour
changer la position de la pompe pendant
la manœuvre. Les changements de direction se feront donc en arrêtant la marche,
et en faisant ces changements comme nous
venons de l'expliquer pour le cas de pied
ferme.

Observation générale sur cette leçon.

Comme dans la manœuvre de la pompe
avec les chaînes, il s'agit de manœuvre de
force, les sapeurs devront saisir leurs chaî-

26

nes bien en même temps, se fendre ensemble et ne faire effort que simultanément, sans quoi il y aurait perte de force.

Pour toutes les manœuvres de la pompe,
le plus grand ensemble doit être observé.

QUATRIÈME LEÇON.

Établissement.

Lorsque la pompe a été convenablement placée par le chef, et qu'on veut
attaquer le feu, il s'agit de faire l'établissement, c'est-à-dire de déployer les
boyaux, de fixér les raccordements, de
disposer les demi-garnitures dans les
positions qu'elles doivent avoir, suivant
qu'il s'agit d'un feu de cave, de rez-de-
chaussée, d'étage ou de comble, et de
faire occuper à chacun la place qui lui et
dévolue.

Ces principes formeront l'objet de la

quatrième leçon. Cette manœuvre se fera
pour l'instruction en cinq temps.

Établissement en cinq temps.

La pompe étant à terre, et l'instructeur voulant faire faire l'établissement,
commandera :

Établissement en cinq temps.

1. *Démarrez.*

Le chef passera de l'avant à l'arrière,
saisira la lance près de la boîte avec la
main gauche, et prendra les boyaux de la
main droite, à deux pieds de cette boîte.

Les deux servants déboucleront les
courroies, chacun se chargeant de celle qui
est à sa droite.

2. *Otez la lance.*

A ce commandement, le chef dégagera
la lance qui était placée sous les boyaux
et défera le dernier pli, afin que lorsqu'on
voudra jeter les boyaux hors de la bâche,
ce pli ne retienne plus la demi-garniture.

26..

Les deux servants retireront les leviers par l'avant, afin qu'ils ne soient pas retenus dans les plis des boyaux par le bourrelet ; chacun d'eux s'occupera de celui qui est de son côté et après l'avoir retiré, le placera le long de la semelle du patin ; après quoi les servants prendront les boyaux à brassée chacun de leur côté et les jetteront le plus loin possible, du côté de la sortie, et à la gauche du premier servant. Nous disons du côté de la sortie, parce que nous avons établi en principe que la sortie devait toujours faire face au lieu incendié, afin d'éviter les coudes des boyaux à cette sortie.

3. *Développez.*

Fig. 11.

A ce commandement, le chef, qui aura reçu des instructions, se transportera rapidement avec la lance au lieu qui lui aura été indiqué ; le deuxième servant défera les plis croisés sur le balancier, qui

empêcheraient de développer ; le premier
et le deuxième servant saisiront les boyaux,
les développeront de la manière la plus
convenable pour l'établissement, et s'occuperont, aussitôt après, de détordre les
demi-garnitures, et d'arrondir les coudes.
Le second servant ne devant pas perdre
de vue la pompe, afin d'empêcher qu'on
y touche avant le commandement ; ce
sera lui qui sera chargé de la première
demi-garniture qui est montée sur la bâche ; de plus, il fera préparer les moyens
de remplir la bâche pour le moment où il
en recevra l'ordre, en faisant rassembler
des seaux pleins d'eau.

Fixez l'établissement.

Fig. 11.

A ce commandement, le chef resserrera la lance, la posera à terre, fixera le
collet le plus rapproché de lui, le premier servant en fera autant pour les
autres collets, et resserrera les vis. Le

deuxième servant défera les courroies des
tamis, les posera sur la bâche, fera remplir la bâche, passera les leviers dans les
T du balancier, inclinera ce dernier jusqu'à
ce qu'une des extrémités pose sur l'entablement, afin qu'il n'y ait pas d'hésitation
et que les travailleurs sachent que c'est le
côté opposé sur lequel on doit agir en
premier lieu, attendu qu'on ne doit jamais
soulever le balancier, mais toujours ap-
puyer dessus, afin de ne rien perdre de la
force employée; il resserrera ensuite le boudin et placera quatre travailleurs à chaque
levier, les deux qui sont au centre ayant
chacun un œil du balancier entre les deux
mains, les autres tenant les bouts des leviers.

Prenez vos dispositions.

Fi. 11.

A ce commandement, le chef reviendra
à la lance, qu'il laissera à sa droite, ainsi
que les boyaux, se baissera, et prendra la

lance à l'orifice, avec la main gauche, en ayant soin de placer le pouce sur la sortie. Le premier se tiendra entre le chef et la pompe, afin de communiquer au deuxième servant les ordres du chef.

L'instructeur voulant indiquer qu'on doit manœuvrer, donnera un coup de sifflet, et le deuxième servant, qui est à la pompe, commandera fortement : *manœuvrez*.

Les travailleurs agiront sur le balancier en pressant d'abord sur l'extrémité qui est élevée, et appuieront en s'aidant du poids de leur corps jusqu'à ce que le balancier touche à l'entablement. Les hommes qui sont du côté opposé laisseront remonter le balancier sans aider; mais aussitôt qu'il sera arrivé à la plus haute élévation, ils agiront dessus à leur tour, etc.; le deuxième servant étant chargé de la pompe, indiquera aux travailleurs la manière dont ils doivent agir pour se fatiguer le moins et produire le plus d'effet.

Aussitôt que les travailleurs manœuvreront, l'eau passera dans les demi-garnitures et chassera devant elle l'air qui s'y
trouve renfermé; cet air devant sortir
pour ne pas empêcher l'eau d'arriver à la
lance, le chef lèvera de temps en temps le
pouce, pour lui permettre de s'échapper.

Lorsqu'il sentira que l'eau arrive, il
élevera la main gauche, saisira la lance de
la main droite; à hauteur de la boîte, re-
portera la gauche vers le milieu de la longueur de la lance, et, dans cette position,
dirigera le jet sur les points les plus essen-
tiels à éteindre, et qui lui auront été indiqués.

Lorsque l'instructeur voudra faire cesser
la manœuvre, il donnera un coup de sifflet;
aussitôt le deuxième servant commandera
fortement *halte*, les travailleurs cesseront;
le deuxième servant fera placer le balancier
de manière qu'un des *T* repose sur l'entablement, sans que les travailleurs aban-
donnent les leviers. Le chef posera sa lance.

S'il était nécessaire de faire changer de place à la pompe, l'instructeur commanderait :

A la pompe.

A ce commandement, le chef et les deux servants se transporteraient près de la pompe, prendraient leur place, feraient au moyen des chaînes tous les mouvements jugés nécessaires, en ayant soin de ne pas déchirer le boudin et les demi-garnitures.

Établissement précipité.

Pour l'instruction des hommes, cet exercice se divise en cinq temps, pour l'uniformité et la régularité des positions ; mais au feu, où il s'agit d'agir avec célérité, cet exercice se fera en deux temps.

Au commandement de démarrez, on démarrera, on prendra la lance et l'on retirera les leviers.

.. Au commandement de deux, on développera, on fixera l'établissement et l'on prendra les dispositions.

CINQUIÈME LEÇON.

Démonter l'établissement et remettre la pompe en état d'être rechargée sur le chariot.

Lorsque le feu est éteint et qu'on juge que la pompe n'aura plus besoin de fonctionner, il faut démonter l'établissement, vider les demi-garnitures, replacer tous les agrès sur la pompe, de manière à ce qu'ils occupent le moins de place possible, c'est-à-dire à peu près ce qu'ils occupaient avant l'établissement; ces principes formeront l'objet de la cinquième leçon.

Il est à remarquer cependant que les boyaux ayant été mouillés et salis par la boue, ils sont moins flexibles et que l'on ne pourrait que difficilement les ployer en travers sur la pompe; dans ce cas on les ploie en écheveaux, ce qui est plus prompt et plus facile, et lorsqu'on les change, on ploie les nouveaux dans le sens transversal de la pompe, les bouts des plis enfoncés dans la bâche.

L'instructeur voulant faire démonter l'établissement, commandera :

Démontez.

A ce commandement, le chef prendra la lance vers le milieu, avec la main droite, portera la main gauche sur la boîte, posera le pied gauche sur le boyau, à quatre pouces de sa jonction avec la boîte, tournera la lance de droite à gauche, et, après l'avoir détachée, la posera à terre; il détachera le premier collet.

Le premier servant se portera au raccordement qui réunit les demi-garnitures, prendra la vis de la main gauche et la boîte de la main droite, tournera cette dernière de droite à gauche et les séparera; il détachera les autres collets.

Nota. Toutes les pièces sont faites de manière qu'on les visse l'une sur l'autre en tournant à droite, pour qu'il n'y ait pas d'hésitation.

Le deuxième servant se portera au raccordement qui joint la demi-garniture au boudin, saisira la vis de la main gauche, la boîte de la main droite, tournera de droite à gauche et les séparera ; il démontera le boudin en tournant de droite à gauche, et le remplacera par la pièce à deux vis qu'il prendra sur le patin en dévissant de droite à gauche et la placera au tuyau de sortie, et inclinera le balancier sur l'arrière ; il portera le boudin à deux pas de l'avant du patin.

Videz les demi-garnitures.

Le chef ira reprendre la lance, la portera près du boudin, à deux pas de la tête du patin, enlèvera les tamis et les leviers, en prenant ces derniers par le gros bout, et les placera près de la lance, dans une direction perpendiculaire à celle du balancier.

Le premier et le deuxième servant prendront chacun une demi-garniture, la prendront à six pieds environ de la boîte, l'enlèveront de toute la hauteur des bras, en tenant le boyau entre les deux mains ; ils marcheront ensuite vers le côté de la grande longueur en tenant toujours les bras élevés, et faisant passer de main en main le boyau jusqu'à l'extrémité ; par ce moyen toute l'eau contenue dans les demi-garnitures s'écoulera. Chaque servant ploiera ensuite sa demi-garniture en deux, en rapprochant les deux raccordements l'un de l'autre, et les traînera à quelques pieds de la sortie de la pompe. Le chef et les deux servants se placeront ensuite à l'avant et sur les deux flancs de la pompe, lui faisant face.

Abattez sur l'arrière.

Fig. 12.

A ce commandement le chef se baissera, les deux pieds réunis et les genoux ployés, faisant face à la pompe; saisira la chaîne à deux mains, le plus près possible du patin; le premier servant fera un à-gauche, le deuxième un à-droite : ils se porteront à hauteur des poignées de l'avant, se baisseront ensemble, les deux pieds joints, les genoux ployés; le premier saisira la poignée de la main droite, le deuxième de la main gauche, le dos de la main vers la bâche.

Le chef et les deux servants se relèveront doucement et porteront l'avant du patin à hauteur de ceinture; dans cette position, le premier et le deuxième servant feront l'un un à-droite, l'autre un à-gauche, changeront de main à la poignée et porteront celle qui la tenait sur le cordon de la bâche à l'arrière, se fendront, le premier du pied droit, le deuxième du pied gauche, à 18 pouces, la pointe du pied en dehors, pour être bien affermi et soutenir facilement la pompe; dans cette position ils continueront à soulever la pompe, et le

chef les aidera en plaçant la chaîne sur le
patin avec la main droite, et soulevant ensuite ce patin avec les deux mains, les
paumes en-dessous. Lorsque la pompe
sera en équilibre, maintenue par les deux
servants, le chef abandonnera le patin,,
passera sur l'arrière, faisant face à la pompe,
saisira le *T* supérieur du balancier, et tous
trois ensemble renverseront la pompe en
arrière, jusqu'à ce que le *T* du balancier
qui est en-dessous repose à terre, et que
l'eau qui est dans la bâche puisse s'écouler
entièrement.

Lavez.

Comme il pourrait y avoir des ordures
dans la bâche, le chef quittera le balancier
après s'être assuré que les deux servants
maintiennent la pompe en équilibre,
prendra quelques seaux d'eau, les jettera
dans la bâche pour la nettoyer, laissera
de nouveau écouler cette eau, et retirera
ce qui ne pourrait être entraîné.

Mettez à terre.

Fig. 12

La pompe étant nettoyée, le chef repassera de l'arrière à l'avant, posera les paumes des deux mains sous le patin, pour maintenir la pompe; les deux servants abandonneront l'arrière de la bâche, feront, le premier un à-gauche, le deuxième un à-droite, saisiront les poignées, le premier avec la main droite, le second avec la main gauche; lorsque la pompe sera un peu abaissée, le chef saisira la chaîne de l'avant à deux mains, le plus près possible du patin; et tous les trois, ayant les pieds réunis, se baisseront tout doucement, en ployant les genoux, jusqu'à ce que le patin pose à terre, ce qui devra avoir lieu sans à coup. Cette manœuvre doit être faite avec précaution pour qu'il n'arrive pas d'accident; le chef fera mettre ensuite de l'eau propre dans la bâche, et tous trois reprendront leurs positions.

Videz la pompe.

A ce commandement, le chef passera
de l'avant à la sortie, faisant face à la
pompe; le premier servant fera un à-droite
et se portera au *T* du balancier de l'arrière; le deuxième fera aussi un à-droite et
se portera au *T* du balancier de l'avant;
ils prendront le *T* à deux mains, manœuvreront la pompe jusqu'à ce que toute
l'eau qui est dans la bâche, au-dessus des
culasses, dans les corps de pompe, et
dans le récipient, soit sortie; alors, pour
faire évacuer celle qui reste entre la plate-
forme et le fond de la bâche, le chef
prendra le balancier près de l'arbre, une
main de chaque côté, les ongles et la
paume de la main en-dessus, et, aidé des
deux servants, il inclinera doucement la
pompe du côté de la sortie, jusqu'à ce
que toute l'eau se soit écoulée; ils redres-
seront ensuite la pompe sur son patin, sans
changer les mains de place.

branche droite du *T* de l'avant; il reviendra en-dessous pour le passer en croix sur
le balancier. Alors le premier servant s'en
emparera, formera un premier pli dans le
fond de la bâche, du côté de la sortie; il
passera ensuite le boyau au deuxième servant, pour former un pli pareil de son côté.
Le premier et le deuxième servant continueront ainsi en enfonçant avec soin les plis
dans le fond de la bâche, ayant soin, chacun à leur tour, de poser les mains sur les
boyaux lorsque l'autre formera les plis, afin
de maintenir les tamis dans leur position.
Lorsqu'il ne restera plus qu'un pli à faire à
la première demi-garniture le chef ira chercher la boîte de la deuxième demi-garniture, la placera sur la vis de l'extrémité de
la première, et les deux servants continueront à la ployer comme la première. Le
chef pendant ce temps approchera les
boyaux; arrivé au dernier pli, le chef prendra la lance, et aidé du servant qui tient
la vis, il montera dessus la boîte de la lance,

qu'il tiendra de la main droite près de la
boîte, et la main gauche vers le milieu de la
longueur, se placera à l'arrière du côté
de la sortie près du patin, présentant le
flanc gauche à la pompe, afin de ne pas
empêcher les servants de placer les leviers.

Amarrez.

A ce commandement, les deux servants
iront prendre les leviers, les saisiront par
le petit bout, se porteront à l'arrière, faisant face à l'avant, le premier servant à
gauche, le deuxième à droite ; ils intro-
duiront les leviers entre l'entablement et
les plis des boyaux, les faisant reposer sur
la bâche par le gros bout, pour que le
bourrelet ne les arrête pas ; le premier
servant restera à l'arrière, le deuxième
passera à l'avant, et tous deux, saisissant
les bouts des leviers avec les deux mains,
les assujettiront et les égaliseront. Le chef
posera alors sa lance entre les derniers
plis des boyaux, sur les leviers, en la pré-

sentant par l'orifice, et formera le dernier pli ; on placera sur les demi-garnitures le sac de sauvetage, le cadre en-dessous. Les deux servants, l'un à l'avant, l'autre à l'arrière, saisiront les courroies, feront faire à chacune d'elles un tour de dedans en dehors, en réunissant le boyau et la lance avec les leviers, et boucleront en-dessus.

Le chef ira pendant ce temps chercher sur le chariot, le cordage et la hache ; il placera le premier en écheveau dans la bâche du côté de la sortie, et laissera la hache près de la pompe, du côté droit.

Le premier servant prendra l'échelle à crochets et la placera aussi derrière la pompe en travers.

Après quoi ils reprendront tous trois leurs positions.

Manière de ployer en écheveaux.

.Nous avons dit qu'en revenant du feu, on ne pouvait ployer les boyaux en travers sur la bâche : on les ploiera en écheveaux, en suivant les principes ci-après.

Le deuxième servant placera les tamis; le premier se portera à l'arrière et le second à l'avant : ils formeront des plis croisés passant dessous et dessus les T du balancier, en commençant par la branche gauche du T de l'avant. Le chef étendra les boyaux alternativement de l'avant à l'arrière ; lorsque la première demi-garniture sera placée, le chef, aidé du servant, qui se trouvera du côté de la vis, y montera la deuxième garniture, et lorsque celle-ci sera ployée on montera la lance.

On placera les leviers, la lance, le sac, et l'on amarrera de la même manière que précédemment.

Cette manœuvre pouvant se faire à loisir, puisque c'est après l'extinction du feu qu'elle a lieu, et qu'il s'agit seulement de remettre les agrès en ordre ; que d'ailleurs ils sont salis, mouillés et difficiles à manier, on ne la fera jamais d'une manière précipitée.

SIXIÈME LEÇON.

Chargement en neuf temps.

Lorsque tous les agrès sont reployés et que la pompe est armée , il faut la reconduire au poste auquel elle appartient ou à la caserne , et pour cela la placer sur son chariot.

Les principes nécessaires pour faire cette manœuvre de force, facilement, promptement et sans danger pour les hommes, formeront l'objet de la sixième leçon.

L'instructeur voulant faire charger la pompe sur le chariot, commandera :

Chargement en neuf temps.
Chargez.

A ce commandement, le chef se baissera, les deux pieds réunis et les genoux ployés, faisant face à la pompe, saisira la chaîne à deux mains , le plus près possible

du patin ; le premier servant fera un à-
gauche ; le second un à-droite ; ils se porteront à hauteur des poignées de l'avant ; se
baisseront ensemble, les deux pieds joints,
les genoux ployés ; le premier saisira la
poignée de la main droite , le second de la
main gauche , le dos de la main vers la
bâche.

Au Levage.

Fig. 12.

A ce commandement, le chef et les
deux servans se relèveront doucement et
porteront l'avant du patin à hauteur de
ceinture ; dans cette position , le premier
et le deuxième servant feront l'un un à-
droite, l'autre un à-gauche, changeront de
main à la poignée , et porteront celle qui
la tenait, sur le cordon de la bâche à
l'arrière , et porteront , le premier le pied
droit à 18 pouces en arrière, la pointe du
pied gauche en dehors ; le deuxième fera
comme le premier, mais dans un sens in-

verse, pour être bien affermis et soutenir facilement la pompe; dans cette position, ils continueront à soulever la pompe, et le chef les aidera en plaçant la chaîne sur le patin avec la main droite et soulevant ensuite ce patin avec les deux mains, les paumes en-dessous, jusqu'à ce qu'elle soit à 70 degrés environ.

Amenez le chariot.

Fig. 13.

Le chef après s'être assuré que les deux servans se sont mis en équilibre avec le poids de la pompe, abandonnera le patin, courra au chariot, saisira la traverse, une main de chaque côté de la traverse, les ongles en-dessous faisant face au tablier, fera au levage, et conduira le chariot par la marche en arrière, de manière à venir placer le tablier sous le patin de la pompe. Aussitôt qu'il le verra engagé, il avancera l'épaule droite sous le heurtoir, placera la main droite sur le talon et la main gauche

sur la naissance, appuiera le pied droit contre l'essieu, et faisant effort, fera avancer le chariot autant que possiblesous le patin.

Posez la pompe.

Fig. 14.

Les deux servans poseront doucement la pompe sur le chariot, abandonneront les poignées sans quitter la bâche, et saisiront immédiatement avec la main qui était à la poignée, le rais supérieur de la roue, pour empêcher le chariot d'avancer, au moment où la pompe posera sur lui.

Saisissez les poignées de l'arrière.

Fig. 14.

La pompe posée sur le chariot, le chef résistera fortement avec l'épaule, le premier servant se portera en avant, décrochera la chaîne de l'avant, la passera de la main droite au chef qui la fixera au crochet de la flèche, et lui fera faire un tour

28..

sur cette flèche ; les deux servans abandonneront ensuite les rais, reculeront, et
saisiront les poignées de l'arrière, le premier avec la main droite, le second avec
la main gauche, le dos de la main vers la
pompe, les talons réunis et les genoux
ployés.

A la flèche.

Fig. 14.

A ce commandement, le chef quittera
le heurtoir, se portera à la tête de la
flèche, s'élèvera sur la pointe des pieds en
élevant les bras autant que possible, saisira la traverse des deux mains, l'une à
droite, l'autre à gauche de la tête de la
flèche, les ongles en-dessous et les mains
touchant la tête de la flèche.

Abattez la flèche.

Fig. 14.

A ce commandement, le chef s'enlèvera de terre en faisant effort sur la jambe

gauche et sur la traverse, posera le pied
droit sur l'avant du chariot, quittera la
terre du pied gauche, fera effort de tout
le poids de son corps à l'extrémité de la
flèche ; en même temps le premier et le
second servant soulèveront l'arrière de la
pompe au moyen des poignées et le chef
ramènera la flèche dans la position horizontale, le premier et le second servant
abandonneront les poignées ; le premier
se portera à l'avant entre la pompe et la
traverse, et prendra de la main droite la
chaîne de l'avant à un pied de la patte à
crochet ; le deuxième servant se portera
à l'arrière, appuyant ses mains sur le
patin.

Flèche à terre.

Fig. 3.

Le chef se baissera, posera tout doucement la tête de la flèche à terre, et mettra le milieu du pied gauche sur la tête de
la flèche, le talon à terre, afin d'empê-

cher le chariot de revenir en avant; aussitôt le premier servant qui est placé entre
la traverse et la pompe, tenant la chaîne
de la main droite, tirera sur cette chaîne,
le second servant poussera à l'arrière, et
ils remettront ainsi la pompe dans la position qu'elle doit avoir sur le chariot.

Enchaînez.

A ce commandement, le premier servant prendra l'échelle qui a été déposée
en arrière de la pompe, la saisira par les
crochets en mettant les pointes en-dessus,
glissera le bout opposé sous le chariot,
introduira les crochets entre le patin
et le chariot, et ne quittera les crochets
que lorsque le chef aura fini d'enchaîner.

Le chef s'approchera, posera le pied
gauche sur la flèche, se baissera, prendra
la chaîne de l'avant, la fixera au crochet
placé sur la flèche, l'enroulera sur le boulon de l'échelle en faisant effort, afin que
les crochets ne dérapent pas, et viendra

l'accrocher en la tendant, au crochet placé sur le côté gauche du heurtoir ; pendant ce temps le deuxième servant placera la hache, en mettant le manche entre le chariot et le patin, au côté droit de l'avant, et bouclera les courroies qui doivent la maintenir.

Les deux servans se porteront ensuite à l'arrière, le premier à gauche, le deuxième à droite ; le deuxième enlèvera la barre d'arrêt de la main gauche, la passera au premier servant qui la recevra de la main droite, la fixera sur la patte à piton placée sur le flasque gauche, au moyen d'une clavette qu'il placera de la main gauche.

Les trois sapeurs reprendront ensuite la position indiquée lorsqu'ils sont à leurs postes, la pompe sur le chariot.

Chargement précipité.

Le chargement dans l'école d'instruction se fait en neuf temps ; mais comme on peut avoir besoin de célérité pour retourner promptement à son poste, dans la crainte qu'un nouveau feu n'éclate, ce chargement s'exécutera aussi en trois temps.

L'instructeur voulant faire faire le chargement précipité, commandera :

Chargement précipité en trois temps.
Chargez.

A ce commandement les hommes feront le premier temps du chargement, feront au levage et le chef conduira le chariot.

Au commandement de deux,

Les servans poseront la pompe, saisiront les poignées de l'arrière, et le chef saisira la flèche.

Au commandement de trois,

Le chef abattra la flèche, mettra flèche à terre, enchaînera ; le deuxième servant placera la hache sous le chariot, se portera à l'arrière sur le côté droit, et aidé du premier servant , ils placeront la barre d'arrêt et la fixeront.

Cet exercice étant une manœuvre de force, doit être fait avec précision et attention, pour prévenir les accidens.

Instruction particulière à donner aux sapeurs - pompiers relativement à la construction des bâtimens.

Pour compléter l'instruction des sapeurs-pompiers, il est indispensable de leur donner quelques idées succinctes sur la construction des édifices, et de leur faire connaître quelles sont les parties, desquelles dépendent leur solidité, afin qu'ils aient soin de les conserver intactes, ou du moins, de les préserver le plus possible jusqu'au dernier moment.

C'est dans ce but, que nous avons dit plus haut, que le corps des sapeurs-pompiers devait, autant que possible, se composer d'ouvriers en bâtimens qui ont déjà une partie de ces connaissances.

Des linteaux en palatre et des voûtes.

———

Il faut mouiller continuellement les linteaux des croisées, car si les palatres venaient à être découverts par l'effet de la grande chaleur sur les plâtres, et qu'ils fussent consumés, la partie de la maçonnerie qu'ils supportent s'écroulerait et causerait un grand ébranlement dans l'édifice, puisque les parties latérales ne seraient plus soutenues ; de plus, en tombant, cette masse de maçonnerie causerait de grands accidens.

Il en est de même pour les linteaux des portes.

Si ces ouvertures sont voûtées, et que les flammes aient fortement échauffé les voussoirs, il faut au contraire, éviter de les mouiller, dans la crainte de les faire éclater et de déterminer la chute de la voûte qui supporte tout le dessus.

Il en est de même pour les voûtes des caves lorsque le feu prend aux matières réunies dans ces lieux ; l'écroulement de la voûte ébranlerait tout l'édifice.

Des parquets.

Lorsque le feu est dans un étage et que les parquets sont embrâsés, il faut avoir soin de découvrir les poutres afin d'empêcher que le feu ne les attaque, sans quoi le plancher pourrait s'écrouler ; dans sa chute, il ébranlerait le bâtiment, enfoncerait les étages inférieurs, les encombrerait, empêcherait l'emploi des secours, et y porterait le feu, s'il n'y était déjà.

Si un plancher est embrasé, il faut porter toute son attention à défendre les pièces principales, qui supportent le système, afin d'éviter que le plancher ne tombe en masse, si malgré tous les efforts on n'a pu le conserver.

Des combles.

Dans les combles, il est des pièces de charpente qui supportent toutes les autres ou qui les retiennent ensemble et maintiennent tout le système. Il faut donc porter ses soins à conserver ces pièces le plus long-temps possible, afin d'éviter que la charpente ne s'écroule; parce que non-seulement elle enfoncerait par sa chute les étages inférieurs et y porterait le feu; mais aussi parce que, suivant la nature de la construction, ces pièces de bois pourraient entraîner une partie des murs supérieurs. Il faut donc que les sapeurs connaissent les propriétés de toutes ces pièces. D'ailleurs les combles étant ordinairement habités par les domestiques, par des malheureux ou par des ouvriers qui travaillent à la lumière, ce genre de feu est très fréquent. A Paris, les blanchissages des étoffes, des objets en tissu de paille, etc., qui s'opèrent à la vapeur du soufre, se font dans les combles, attendu que ce genre d'industrie ne peut s'exercer dans les étages inférieurs, parce que les vapeurs sulfureuses incommoderaient la population, et que l'autorité s'y opposerait.

Il faut aussi conserver le plus long-temps possible les chenaux en plomb, attendu qu'en cas de nécesité ils peuvent servir de communication pour porter des secours et sont souvent un chemin de retraite pour les sapeurs-pompiers.

Les pièces à conserver dans une charpente sont ;

1°. Le poinçon qui supporte les arbalètriers ;

2°. Les arbalètriers, et les arètiers dans les croupes, qui supportent les pannes, et par suite les chevrons et le reste de la toiture.

3°. Les entraies qui empêchent l'écartement des arbalètriers.

Ces pièces en tombant non-seulement entraîneraient la toiture, mais enlèveraient aussi la corniche et les chenaux, qui, comme nous l'avons dit plus haut, sont extrêmement nécessaires.

Des hangars.

Dans les hangars, les charpentes sont le plus souvent assemblés sur des montans qui servent de piles et qui vont du bas au haut de l'établissement; sur ces pièces reposent les sablières, les entraies, les fermes; elles supportent donc tout le système. Ce sont par conséquent ces parties qu'il faut conserver avec le plus de soin, et les fermes après.

Des escaliers.

Dans les escaliers en bois, soit qu'ils

soient isolés ou enfermés dans une cage ,
ce sont les assemblages du limon dont il
faut s'occuper spécialement , après avoir
noirci le tout ; car si les tenons venaient à
brûler, les pièces se disjoindraient, l'escalier s'écroulerait et toute communication
avec les étages supérieurs deviendrait fort
difficile.

Des planchers contigus aux murs mitoyens.

Dans les planchers contigus aux murs
mitoyens, il arrive souvent que les poutres
des étages qui sont à la même hauteur se
trouvent bout à bout sur ces murs ; dans
ce cas il faut empêcher que ces poutres ne
s'enflamment aux extrémités, dans la
crainte qu'elles ne communiquent le feu à
la maison voisine.

Des calorifères.

——

Les calorifères passant sous des parquets, reposent entre deux longerons ; la
grande chaleur dessèche ces pièces de
bois, et si par un motif quelconque, le
tube vient à être percé, ce qui arrive souvent, les pièces de bois se charbonnent,
et lorsque par la trop grande chaleur ou
par une cause quelconque, le parquet vient
à se disjoindre, le courant d'air qui s'introduit sous le parquet peut déterminer le
feu, et alors il éclate avec violence, parce
que les pièces de bois sont très sèches; dans
ce cas il faut découvrir le parquet au-dessus
du tuyau et le suivre dans toute sa longueur
afin d'enaminer les longerons qui sont de
droite et de gauche.

Des cheminées.

——

Les cheminées dont les âtres ne sont

pas sur un trémie en fer, peuvent par la grande chaleur du foyer, faire crevasser l'âtre, et déterminer le feu dans les pièces de bois qu'ils supportent.

Les planchers mal construits et dont les longerons passent trop près des tuyaux de cheminées, peuvent occasionner le feu par suite des crevasses qui se déterminent dans les languettes, et des dépôts de suie qui s'y forment.

Des pans de bois.

Lorsque le feu prend dans un bâtiment et que quelques-unes de ses parties sont en pans de bois recouverts en plâtre, il faut arroser continuellement les plâtres afin de les empêcher de se détacher, sans quoi les bois seraient mis à nu et s'enflammeraient; et comme il se trouve dans ces constructions beaucoup de vides, que de plus les plâtres sont retenus par un lattis qui prend feu avec une grande facilité, non seulement on aurait beaucoup de peine à l'éteindre, mais encore il pourrait se communiquer facilement dans le bâtiment contigu.

FIN DU MANUEL DU SAPEUR-POMPIER.

TABLE

DES MATIÈRES.

FIN DE LA TABLE DES MATIÈRES.

ERRATA.

Pages 63, ligne 5, des avertissemens *lisez* les

64,   14, leurs casque *lisez* leurs casques

102,   18, charriot *lisez* chariot

116,   18, attachés *lisez* attachées

145,   11, deux cordes en bois *lisez* deux cordes en croix.

162,   22, incendies *lisez* incendiées

187,   22, parce *lisez* parce que

201,   14, pompier *lisez* pompiers

214,   5, une *lisez* que

224,   4, le numéro de la figure n'est pas indiqué, *mettez* 20

246,   19, interceptait *lisez* intercepterait

256,   13, commandement *lisez* commandant.

35

FIGURES

Servant à faciliter l'intelligence de la position des sapeurs dans les manœuvres de la pompe et l'application de l'appareil PAULIN *aux feux de caves.*

Le chef est indiqué par les lettres *ch.*.
Le premier servant par le n° 1.
Le deuxième servant par le n° 2.

OBSERVATIONS.

Nous n'avons pas donné les figures des différentes parties qui composent une pompe, parce que les dessins ne peuvent jamais être sur une échelle assez grande pour qu'on puisse en prendre une idée exacte; et que d'ailleurs, c'est en examinant attentivement ces diverses parties et en montant et démontant une pompe, qu'on aura une idée précise de chacunes d'elles, et de la place qu'elles doivent occuper. Ces diverses parties étant décrites avec soin dans la nomenclature, il sera très aisé de les reconnaître et de savoir à quoi elles sont destinées.

La nomenclature ne doit s'apprendre que la pompe sous les yeux.

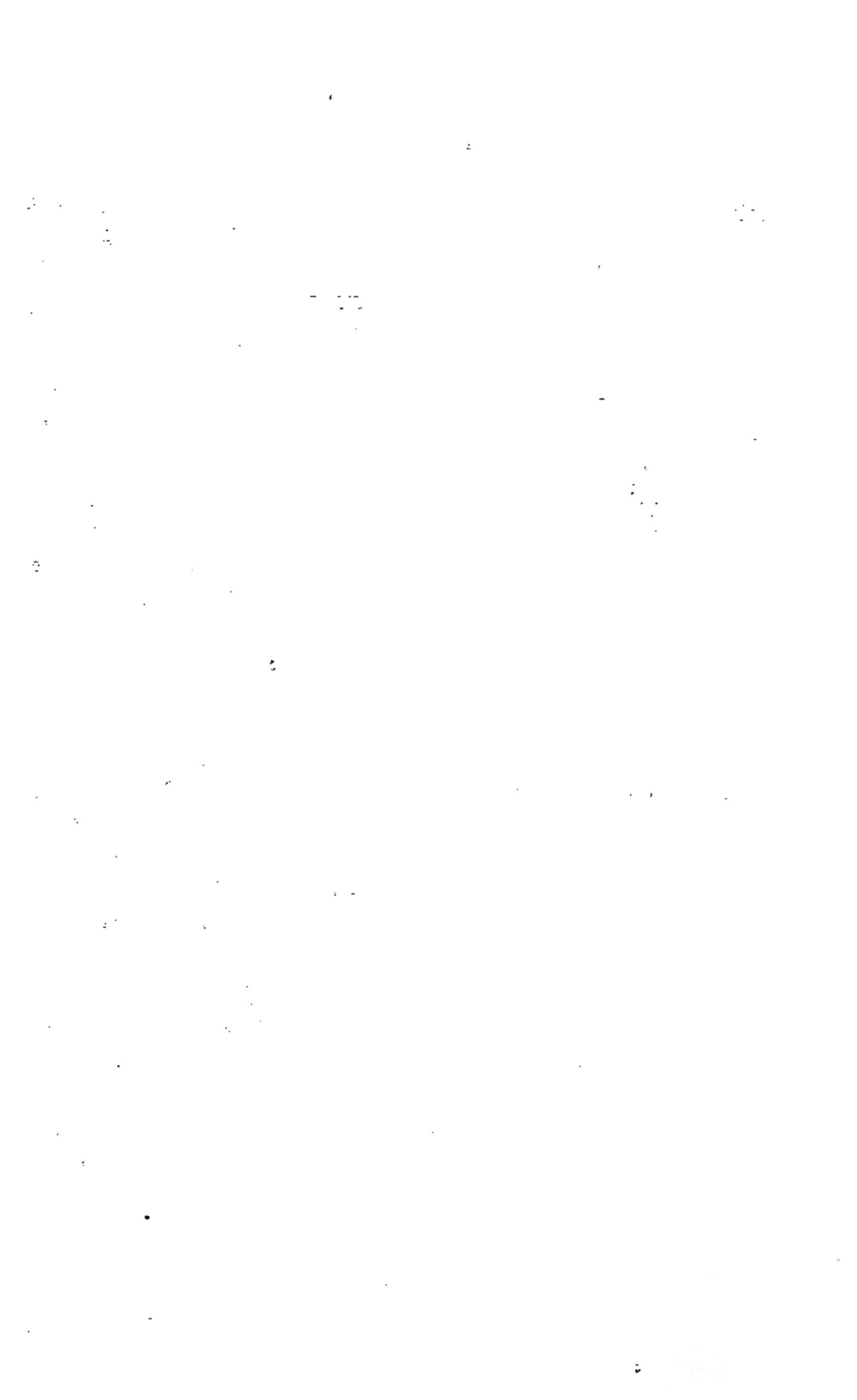

On trouve chez le même Libraire :

NOUVEAU MANUEL

DU SAPEUR-POMPIER

Pour les Campagnes,

COMPRENANT

La nomenclature de la pompe, les mesures à prendre sur les lieux incendiés, la description de toutes les parties de l'armement d'une pompe, la manière de les réparer et de les entretenir, la manière d'attaquer un feu quelconque, la construction des maisons de paysans, les principes pour la manœuvre de la pompe, etc.; par le chef PAULIN. Prix, 2 fr.

Cet Ouvrage se vend aussi :

chez :		chez :	
A Angers,	*Launay.*	A Montpellier,	*Sevalle.*
Angoulême,	*Perez-Leclerc.*	Nancy,	*George Grimblot.*
Bayonne,	*Jaymebon.*	Orléans,	*Pesti.*
Bordeaux,	*Gassiot.*	Perpignan,	*Lasserre.*
Bourges,	*Vermeil.*	Rennes,	*Vatar.*
Brest,	*Lefournier.*	Rouen.	*Frère.*
Grenoble,	*Prudhomme.*		*Legrand.*
Havre,	*Matenas.*	Strasbourg,	*Treuttel et Wurtz.*
Lille,	*Vanackère fils.*		*Levrault.*
Limoges,	*Marmignon.*	Toulouse,	*Paya.*
Lyon,	*Maire.*		*Gallon.*
Marseille,	*Camoin.*		*Martegoutte.*
	Masvert.	Troyes,	*Vᵉ André-Anner.*
Metz,	*Thiel.*		

www.ingramcontent.com/pod-product-compliance
Lightning Source LLC
Chambersburg PA
CBHW060116200326
41518CB00008B/843